ISW Forschung und Praxis

Berichte aus dem Institut für Steuerungstechnik
der Werkzeugmaschinen und Fertigungseinrichtungen
der Universität Stuttgart

Herausgeber: Prof. Dr.-Ing. Dres. h.c. G. Pritschow

Band 124

Springer
Berlin
Heidelberg
New York
Barcelona
Budapest
Hongkong
London
Mailand
Paris
Singapur
Tokio

Wolfgang Scholich-Tessmann

Direktantriebe für Industrieroboter

Springer

D 93

ISBN 978-3-540-64961-8 ISBN 978-3-662-00834-8 (eBook)
DOI 10.1007/978-3-662-00834-8

Gesamtherstellung: Druckerei Kuhnle, Esslingen
SPIN: 10692207 62/3020-543210

Geleitwort des Herausgebers

In der Reihe „ISW Forschung und Praxis" wird fortlaufend über Forschungsergebnisse des Instituts für Steuerungstechnik der Werkzeugmaschinen und Fertigungseinrichtungen der Universität Stuttgart (ISW) berichtet, das sich in vielfältiger Form mit der Weiterentwicklung des Systems Werkzeugmaschine und anderer Fertigungseinrichtungen sowie der Produktionstechnik beschäftigt. Die Arbeiten dieses Instituts konzentrieren sich im besonderen auf die Bereiche Numerische Steuerungstechnik, Planungs- und Leitsysteme, Softwaretechnik, Maschinen- und Industrierobotertechnik sowie Meß-, Regel- und Antriebssysteme, also auf die aktuellsten Bereiche der Fertigungstechnik. Dabei stehen Grundlagenforschung und anwenderorientierte Entwicklung in einem stetigen Austausch, wodurch ein ständiger Technologietransfer zur Praxis sichergestellt wird.

Die Buchreihe erscheint in zwangloser Folge und stützt sich auf Berichte über abgeschlossene Forschungsarbeiten und Dissertationen. Sie soll dem Ingenieur bei der Weiterbildung dienen und ihm Hilfestellungen zur Lösung spezifischer Probleme geben. Für den Studierenden bietet sie eine Möglichkeit zur Wissensvertiefung. Sie bleibt damit unter erweitertem Namen und neuer Herausgeberschaft unverändert in der bewährten Konzeption, die ihr der Gründer des ISW, der leider allzu früh verstorbene Prof. Dr.-Ing. G. Stute, im Jahre 1972 gegeben hat.

Der vorliegende Band befaßt sich mit dem Einsatz von Direktantrieben an Industrierobotern und zeigt das Verbesserungspotential sowie die Grenzen dieser neuen Technik beispielhaft für einen Knickarmroboter auf. Schwerpunkte der Arbeit liegen auf der Herleitung der Regelungsparametrierung für gegebene direktangetriebene Roboterachsen sowie auf der Bestimmung günstiger mechanischer Parameterbereiche. Weiterhin werden die an Robotern typischen starken Schwankungen der mechanischen Achsparameter betrachtet.

Der Herausgeber dankt der Druckerei für die drucktechnische Betreuung und dem Springer-Verlag für die Aufnahme der Reihe in sein Lieferprogramm.

G. Pritschow

Vorwort

Die vorliegende Arbeit entstand während meiner Tätigkeit als wissenschaftlicher Mitarbeiter am Institut für Steuerungstechnik der Werkzeugmaschinen und Fertigungseinrichtungen (ISW) der Universität Stuttgart.

Herrn Professor Dr.-Ing. Dres. h.c. G. Pritschow, dem Leiter des Instituts, gebührt mein besonderer Dank für die Schaffung der Voraussetzungen, die für das Gelingen dieser Arbeit wesentlich waren, für seine wohlwollende Förderung und für die Übernahme des Hauptberichts.

Für die Erstellung des Mitberichts danke ich Herrn Professor Dr.-Ing. Dr. h.c. W. Schiehlen sehr herzlich.

Das offene und kollegiale Umfeld am Institut und die sich daraus ergebenden Diskussionen haben wesentlich zum Gelingen dieser Arbeit beigetragen. Darüber hinaus gilt mein ganz besonderer Dank den Herren Christian Fahrbach, Uwe Kosiedowski, Gerhard Hammann und Franz Krauß.

An dieser Stelle möchte ich mich auch bei den Damen und Herren des technischen Büros, der Sekretariate, der Bibliothek sowie der elektrischen und mechanischen Werkstatt für die stets gute Zusammenarbeit bedanken.

Wolfgang Scholich-Tessmann

Inhaltsverzeichnis

Abkürzungen

AK1	Auslegungskriterium: überschwingfrei für alle Eigenfrequenzen
AK2	Auslegungskriterium: überschwingfrei bzgl. der ersten Eigenfrequenz
BAPS	Bewegungs- und Ablaufprogrammiersprache
DA-3M	Dreimassenschwinger-Modell für Direktantriebsachse
DA-5M	Fünfmassenschwinger-Modell für Direktantriebsachse
G-5M	Fünfmassenschwinger-Modell für Achse mit Getriebeantrieb
Gl.	Gleichung
IRL	Industrial Robot Language
St	Steiner-Anteil
TCP	Tool-Center-Point
WOK	Wurzelortskurve
ZPETC	Zero Phase Error Tracking Control

Formelzeichen

A	Schwingamplitude
A	Nenner der Übertragungsfunktion
a	normierte Schwingamplitude
a_i	Nenner-Koeffizienten der Übertragungsfunktion
B	Zähler der Übertragungsfunktion
b	Steuervektor
b_i	Zähler-Koeffizienten der Übertragungsfunktion
C	Meßvektor bzw. -matrix
c_0, c_1, c_2	Nachgiebigkeit Inertialsystem-Motor bzw. Motor-Zwischenkörper bzw. Zwischenkörper-Arm
c_n	normierte Steifigkeit c_2/c_1

D	relative Dämpfung
d_M, d_Z, d_A	Dämpfungsfaktor Motor bzw. Zwischenkörper bzw. Arm
d_{MZ}, d_{ZA}	Dämpfungsfaktor für Dämpfung zwischen Motor und Zwischenkörper bzw. Zwischenkörper und Arm.
F	Übertragungsfunktion im Laplace-Bereich
$F_{v,i}$	Übertragungsfunktion Motorbeschleunigung zu Geschwindigkeit des i-ten mechanischen Teilkörpers
G_R	Übertragungsfunktion der Regelung
H	Hurwitz-Determinante
$H_{i,j}$	i-te Hurwitz-Unterdeterminante für Regelung des j-ten Teilkörpers
i_g	Getriebeuntersetzung
J_M, J_Z, J_A	Trägheitsmoment Motor bzw. Zwischenkörper bzw. Arm
J_g	Gesamtträgheitsmoment am Motor
j_M, j_Z	auf die Armträgheit normierte Motor- bzw. Zwischenkörperträgheit
K_p, K_v	Regelungsfaktoren Drehzahl- bzw. Lageregelung
K_I	Verstärkungsfaktor I-Anteil
k	verallgemeinerte Kreiselkräfte
k_p, k_v	normierte Reglungsfaktoren
L	Länge bzw. Länge Unterarm zu Handmasse
L_B	Länge Unterarm bis zur Nachgiebigkeit der Handanbindung
L_H	Länge von der Nachgiebigkeit im Unterarm zur Handmasse
l_2	Länge des Oberarms
l_3	Länge des Unterarms bis zum Schwerpunkt der Handmasse
M	Massenmatrix
m	Masse
m_3	Handmasse
m_{2G}, m_{2A}	Masse des Gegengewichts bzw. des Arms der zweiten Achse
P	Vektor aller Pole der Übertragungsfunktion

Q, q	Vektor der eingeprägten Momente
R	Residuum
R_V	Faktor der durch Vorsteuerung bewirkten Residuenänderung
r_{2G}, r_{2A}	Schwerpunktabstand Gegengewicht bzw. Arm vom Drehpunkt der zweiten Achse
T	PT_1-Zeitkonstante
T_N	Nachstellzeit
T_u	PT_1-Zeitkonstante der Stellsignalfilterung
U	Laplace-Transformierte des Stellsignals
u	Stellsignal Motorbeschleunigung
v_1, v_2	Vorsteuerfaktoren der Geschwindigkeit bzw. Beschleunigung
W	Laplace-Transformierte der Sollwerte
w_A	Lagesollwert der Achse
w_R	Lagesollwert der Regelung
X	Laplace-Transformierte der Zustandsgröße
x	Zustandsgröße
y	Koordinatenvektor des Mehrkörpersystems
Z	Vektor der Nullstellen einer Übertragungsfunktion
α	Verhältnis der zweiten zur ersten Eigenfrequenz
δ_W	Wurzelschwerpunkt
δ	Verzweigungspunkt der WOK auf der reellen Achse
φ	Winkel
Ω_N	Frequenzverhältnis der zweiten zur ersten Nullstelle
Ω_1, Ω_2	auf die erste Nullstellenfrequenz normierte erste/zweite Eigenfrequenz
ω	Kreisfrequenz
$\omega_{N,i}$	Kreisfrequenz der i-ten Nullstelle
$\omega_{N,i,n}$	normierte Kreisfrequenz der i-ten Nullstelle
ω_i	Kreisfrequenz des i-ten Polpaares

1 Einleitung

1.1 Problemstellung

Eine Untersuchung des Robotereinsatzes zeigt, daß Roboter traditionell vor allem in den Bereichen Punktschweißen, Montage und Handhabung eingesetzt werden /1/. Diese Situation hat sich in neuerer Zeit nicht grundlegend verändert, jedoch hat das Bahnschweißen an Bedeutung gewonnen /2/. Darüber hinaus entwickeln sich neue Anwendungsgebiete für Roboter im Bereich bahnbezogener Bearbeitungsaufgaben in der Ebene und im Raum, wie z. B. das Entgraten, das Laserschneiden, der Auftrag von Kleber oder die optische Vermessung. Hierzu sind Bahngeschwindigkeiten von 0,1 bis 0,5 m/s bei Bahngenauigkeiten von wenigen Zehntelmillimetern sowie ein hohes Beschleunigungsvermögen der Einzelachsen erforderlich /3/. Mit herkömmlichen Motor-Getriebekombinationen ausgerüstete Roboter erreichen aufgrund der Getriebenachgiebigkeit nur relativ geringe Bandbreiten der Achslageregelungen /1/. Die von den neuen Einsatzgebieten geforderten Bahngenauigkeiten werden daher nur bei geringen Geschwindigkeiten erreicht. Außerdem führen neben unkompensierten Getriebeübertragungsfehlern auch Umkehrspannen, insbesondere in den Grundachsen, zu Abweichungen an der Spitze des Roboters in der Größenordnung von Millimetern /4/. Die übliche Regelung des Motors herkömmlicher Antriebssysteme kann zu überlagerten Schwingungen kleiner Amplitude an der Armspitze führen, welche am Motor praktisch nicht meßbar sind. Damit sind marktgängige Roboter für sehr schnelle und hochgenaue bahnbezogene Bearbeitungsaufgaben nicht geeignet. Zur Genauigkeitserhöhung wird häufig versucht, Schleppabstände durch Vorsteuerungen in den einzelnen Achsregelungen der Roboter zu verringern und Schwingungen in den Achsen durch geeignete Berücksichtigung bei der Sollwertberechnung zu kompensieren /5, 6, 7, 8/. Diese Verfahren sind in der Regel empfindlich gegen Parameterschwankungen. Gerade an Robotern treten jedoch in Abhängigkeit von der Roboterstellung und -belastung sehr große Schwankungen mechanischer Parameter auf. Eine Kompensation nichtlinearer Effekte, wie sie durch Reibung und Umkehrspannen von Getrieben verursacht werden, gelingt grundsätzlich nur in begrenztem Maß. Fortschritte sind durch den Einsatz von Direktantrieben zu erwarten, da das Getriebe als wesentliches begrenzendes Element im Antriebsstrang entfällt und damit die Regelungsbandbreite erhöht werden kann. Diese Maßnahme ist anderen Möglichkeiten vorzuziehen, da eine höhere Regelungsbandbreite zu einer besseren Ausregelung von Abweichungen durch Parameterschwankungen, Störmomente und Modellfehler führt /9/.

1.2 Stand der Technik

1.2.1 Bauarten von Robotern

Roboter für flexible Fertigungsaufgaben werden im wesentlichen in drei verschiedenen Bauarten angeboten /10/:

- Horizontalschwenkarmroboter (SCARA: Selective Compliance Assembly Robot Arm),
- Portalroboter und
- Vertikalknickarmroboter.

Für Aufgaben, die sehr hohe Genauigkeiten erfordern, kommen häufig SCARA-Roboter zum Einsatz. Derartige Horizontalschwenkarmroboter bestehen aus zwei bis fünf Bewegungsachsen, wobei die beiden Hauptachsen parallel zueinander angeordnet sind. Die dritte Achse bewegt sich linear in vertikaler Richtung. Diese Bauart weist in vertikaler Richtung eine hohe Steifigkeit auf, verfügt aber nur über begrenzten Arbeitsraum und eingeschränkte Bewegungsmöglichkeiten. Der größte Radius des Arbeitsbereichs beträgt ca. 500mm bis 1000mm, der Hub in Z-Richtung ca. 40mm bis 250mm. Die Last darf nur gering sein, d.h. im Bereich von ca. 2kg bis 10kg liegen. Einige Anbieter rüsten diese Roboter mit Direktantrieben aus und erzielen so Wiederholgenauigkeiten von wenigen Mikrometern /10/ gegenüber 20µm bis 50µm bei konventionellen elektromechanischen Antrieben. SCARA-Roboter führen typischerweise Montageaufgaben aus /11/.

Portalroboter bestehen in allen Hauptachsen aus Linearachsen. Dadurch entsteht ein quaderförmiger Arbeitsraum. Diese Bauart wird hauptsächlich für Anwendungen eingesetzt, die einen großen Arbeitsbereich oder eine hohe Traglast des Roboters erfordern. Die Wiederholgenauigkeit liegt bei Verfahrwegen der Hauptachsen von einigen Metern im Bereich von 0,1mm bis 1mm, die Last darf einige zehn Kilogramm betragen. Daneben werden Portalroboter mit kleinerem Arbeitsraum und geringerer Traglast für Applikationen angeboten, die Wiederholgenauigkeiten von ca. 0,01mm benötigen /10/.

Knickarmroboter bestehen in den Hauptachsen üblicherweise aus einer Dreh- und zwei parallel angeordneten Schwenkachsen und zusätzlich zwei oder drei Handachsen. Der Arbeitsraum ist prinzipiell kugelförmig. Diese Bauart verfügt über eine große Gelenkigkeit, so daß auch schwer zugängliche Stellen an Werkstücken erreicht werden. Der

Arbeitsradius liegt typisch bei ca. 1,5m bis 2,5m, wobei Wiederholgenauigkeiten von 0,1mm bis 1mm erreicht werden und Traglasten von 1kg bis 100kg zulässig sind /10/. Knickarmroboter werden u.a. zum Punkt- und Bahnschweißen eingesetzt.

Neben den vorgenannten Kinematiken existieren Mischformen, welche hier nicht weiter betrachtet werden. Im Hinblick auf einfachere und kostengünstigere Herstellung der Maschinen befinden sich neue Konzepte in der Entwicklung bzw. in der Markteinführung, die mehrere gleichartige, längenveränderliche Stäbe zur Bewegung von Werkstück bzw. Werkzeug benutzen, /12, 13/. Diese Bauart wird zum Beispiel unter Einsatz von drei längenveränderlichen Stabelementen im Tricept-Roboter der Firmen NEOS und COMAU /14, 15/ eingesetzt. Ziel ist dabei, mit geringen Kosten eine hohe Steifigkeit des Roboters zu erreichen.

Die in Prospekten und Herstellerübersichten genannte Wiederholgenauigkeit stellt in jedem Fall eine Obergrenze für die Bahngenauigkeit der Roboter dar, weil die Wiederholgenauigkeit ermittelt wird, indem die gleiche Position mit gleicher Orientierung und üblicherweise identischem Bewegungsverlauf vor dem Positioniervorgang angefahren wird /16/. Umkehrspannen bewirken eine geringere Genauigkeit, wenn Bahnpunkte z.B. aus verschiedenen Richtungen erreicht werden. Zusätzlich erzeugen Schleppabstände in den Roboterachsen Bahnfehler, welche nichtlinear von der Bahngeschwindigkeit abhängen.

1.2.2 Antriebe für Industrieroboter

In Industrierobotern werden praktisch nur elektrische Antriebssysteme verwendet /10/. In den Achsen kommen dabei fast ausschließlich schnellaufende Elektromotoren mit hoch untersetzenden Getrieben zur Anwendung, die bei kleinem Bauraum eine hohe Leistung erzielen und somit die Leistungsdichte des Antriebssystems optimieren.

Im Baubereich werden aufgrund der sehr hohen geforderten Kräfte auch elektrohydraulische Antriebe eingesetzt, welche allerdings für hochdynamische Bewegungen bei gleichzeitig hoher Genauigkeit nicht geeignet sind, da zum einen elektrohydraulische Systeme sehr stark durch Nichtlinearitäten z.B. der Durchflußkennlinie geprägt sind, zum anderen durch die Kompressibilität des Hydrauliköls in der Regel sehr geringe Eigenfrequenzen vorliegen. In /17/ wird durch Anwendung eines nichtlinearen Regelungsverfahrens zwar eine Geschwindigkeitsverstärkung von etwa $100s^{-1}$ auch bei Vorliegen von Parameterschwankungen erreicht, allerdings nur für eine sehr steife, vom Zylinder bewegte Lastmasse, und unter der Randbedingung, daß das eingesetzte Ventil eine Bandbreite aufweist, welche mindestens um eine Größenordnung über der Eigenfrequenz des Zylinders liegt.

1.2.3 Grenzen herkömmlicher elektromechanischer Antriebssysteme

In /18/ werden Roboter im Hinblick auf ihren Einsatz als Bewegungsmaschinen bei der Lasermaterialbearbeitung betrachtet. Die Bahnabweichungen von drei untersuchten Robotern betragen ±0,9mm bis ±2,0mm bei einer Bahngeschwindigkeit von 0,33m/s. Eine Absenkung der Bahngeschwindigkeit auf 0,17m/s verringert die Fehler auf ±0,6mm bis ±1,7mm. Den genannten Bereich bestätigt /19/, wo Bahngenauigkeiten von 0,4mm bis 0,8mm angegeben werden. Dies zeigt, daß steigende Anforderungen an Positionier- und Bahngenauigkeit, sowie Beschleunigungsvermögen und Verfahrgeschwindigkeiten, mit herkömmlichen elektromechanischen Antriebssystemen nur bedingt erfüllt werden können. Grund hierfür sind die systemimmanenten Nachteile der Untersetzungsgetriebe, wie

- Elastizität,
- Spiel bzw. Reibungsumkehrspanne,
- hohe nichtlineare Reibungskräfte,
- Getriebe-Übertragungsfehler,
- Verschleiß und
- hohe Eigenträgheitsmomente.

Das Getriebe stellt bei Robotern in der Regel die größte Elastizität im Antriebsstrang zwischen Motor und TCP dar. Zusammen mit den bei Robotern im Verhältnis zu Werkzeugmaschinen sehr großen Trägheitsmomenten der Robotermechanik ergeben sich relativ geringe mechanische Eigenfrequenzen. Übliche Werte liegen im Bereich von etwa 5 bis 10Hz /1/, bei aufwendig optimierter Mechanik bis ca. 20Hz /20/. Die unterste mechanische Eigenfrequenz begrenzt die Regeldynamik und damit die erreichbare Bahngenauigkeit. Die Nachgiebigkeit der Getriebe hängt von deren Belastung ab. Bei kleiner Belastung werden Steifigkeiten von bis zu $0{,}5..1 \cdot 10^6$ Nm/rad erreicht, welche mit zunehmendem Moment auf bis zu ca. $5 \cdot 10^6$ Nm/rad ansteigen können. Die Getriebenachgiebigkeit führt bei indirekter, d.h. antriebsseitiger, Lagemessung zu Positionsabweichungen, wenn ein abtriebsseitiges Moment wirkt. Z.B. bewirken Armgewichte oder Beschleunigungsmomente solche Lastmomente. Die dadurch verursachten Lagefehler am TCP liegen im Bereich von einigen Zehntelmillimetern.

Insbesondere bei großen Armlängen beeinträchtigt das Getriebe die erreichbare Genauigkeit erheblich. Bei einem Getriebespiel von einer Winkelminute ergibt sich bei einer Armlänge von 2m ein Positionierfehler von 0,6mm. Standardgetriebe für Roboter weisen ein Spiel von 3 Winkelminuten, sehr teure Sondergetriebe von ca. 0,5 Winkelminuten auf. Selbst bei sogenannten spielfreien Getrieben ergibt sich keine wesentliche Verbesserung, weil hier die Reibung, bedingt durch die erforderliche Vorspannung, und die Elastizität des Getriebes eine Erhöhung der Umkehrspanne verursachen.

Durch die Vorspannung der Getriebe ergeben sich hohe nichtlineare Reibkräfte. Diese sind vom jeweiligen Zahneingriffswinkel und der Belastung abhängig. Das Reibverhalten beeinflußt die erreichbare Regelgüte und das Gleichlaufverhalten. Daneben entstehen im Getriebe Winkelübertragungsfehler, die einen periodischen Verlauf über der Winkelstellung zeigen /4/. Üblich ist eine motorseitige Winkelmessung der Achsen, wodurch sich diese Getriebefehler auf die Bahn des TCP auswirken. Abhilfe ist durch Regelung des Getriebeabtriebs oder durch eine gesteuerte Kompensation dieser Fehler möglich /20/. Das erstgenannte Verfahren wirkt nur bei kleinen Geschwindigkeiten, weil die Bandbreite der Lageregelung begrenzt ist und die Frequenz der periodischen Winkelübertragungsfehler mit zunehmender Geschwindigkeit die Bandbreite der Lageregelung übersteigt. Das letztgenannte Verfahren setzt voraus, daß sich über der Zeit keine wesentlichen Veränderungen im Getriebeverhalten ergeben.

Der unvermeidliche Verschleiß in Getrieben führt zu Veränderungen der Getriebecharakteristik über der Zeit und macht Wartungsarbeiten in Intervallen von einigen hundert Betriebsstunden erforderlich. Außerdem verändern Lastwechsel das Reibverhalten der Getriebe.

Die Regelung der Achsantriebe erfolgt üblicherweise mittels eines kaskadierten P-Lage-, PI-Drehzahlreglers für die Motorgrößen. Dadurch bleiben mechanische Eigenfrequenzen des Armaufbaus außerhalb des Regelkreises und beeinflussen dessen Stabilität nicht, solange keine weiteren destabilisierenden Einflüsse, wie z.B. PT_1-Zeitkonstanten im Stromregelkreis oder Abtast-/ Haltevorgänge in digitalen Regeleinrichtungen, wirken. Ist aus Genauigkeitsgründen eine Regelung des Getriebeabtriebs notwendig, liegt die erste, von der Getriebenachgiebigkeit und der Lastträgheit hervorgerufene, Eigenfrequenz innerhalb des Regelkreises und führt bereits bei geringerer Regelungsbandbreite zu Instabilität. Hier ermöglichen Verfahren der Zustandsregelung, basierend auf einem einfachen Modell dritter Ordnung, Verbesserungen, sofern der Abstand weiterer Resonanzstellen von der ersten Eigenfrequenz so groß ausfällt, daß diese vernachlässigt werden dürfen /4, 21, 22/. Grundsätzlich hängt die erzielbare Regelungsbandbreite von der ersten Eigenfrequenz, und damit von der Getriebenachgiebigkeit und der Lastträgheit, ab. Daher sind auch aus regelungstechnischer Sicht Getriebe diejenigen Antriebskomponenten, welche das Systemverhalten wesentlich begrenzen.

Andere Ansätze zur Genauigkeitserhöhung von Robotern verwenden zusätzliche Sensoren /3, 23/. In /23/ wird das Fügen sehr eng tolerierter Bauteile mit einem Roboter begrenzter Genauigkeit ermöglicht, indem Kraftsensoren die auftretenden Prozeßkräfte erfassen. Abhängig von den Prozeßkräften wird die Sollbahn des Roboters beeinflußt. Mit optischen Sensoren läßt sich die Bahngenauigkeit steigern, indem die Sensorik Merkmale auf Werkstücken erfaßt und Korrekturwerte an die Bahnerzeugung der Robotersteuerung übergibt /3/. Der Vorteil dieses Verfahrens liegt in dessen großer Toleranz gegen Aufspannfehler und/oder Abweichungen zwischen den einzelnen Werkstücken. Allerdings muß die gewünschte Roboterbahn auf dem Werkstück optisch erfaßbar sein. Erheblicher Aufwand steckt in der Sensordatenverarbeitung und in der Anbindung an eine Steuerung. Bei praktischen Erprobungen wurde eine Bahngenauigkeit von etwa 0,5mm erreicht /3/. Umkehrspannen lassen sich mit optischen Sensoren nicht kompensieren, sondern führen zu lokal begrenzten Fehlern. Eine Reduktion dieser Abweichungen ist nur durch eine verbesserte Antriebsdynamik möglich /3/.

1.2.4 Direktantriebe für Roboterachsen

Bei Direktantrieben entfallen die negativen Eigenschaften des Untersetzungsgetriebes. Es ergibt sich eine spielfreie, sehr steife, trägheits- und reibungsarme Ankopplung an die Robotermechanik. Dadurch liegt die niedrigste mechanische Eigenfrequenz deutlich höher als bei Einsatz eines Getriebes. Das Eigenträgheitsmoment von Direktantrieben ist um ein Vielfaches kleiner als das der Robotermechanik, so daß das Motormoment fast vollständig zur Beschleunigung der Robotermechanik eingesetzt wird. Allerdings ergeben sich wesentlich höhere Anforderungen an die Regelung von Direktantrieben. Dies liegt daran, daß sich Rückwirkungen, Trägheitsmomentschwankungen und Koppelmomente der Roboterkinematik stärker auswirken, weil die Eigenträgheit des Motors gegenüber dem gesamten an der Motorwelle wirksamen Trägheitsmoment sehr viel geringer als bei herkömmlichen Antriebssystemen ausfällt. Das von elektrischen Motoren erzeugte Moment ist näherungsweise proportional zu deren Bauraum. Das Untersetzungsgetriebe entfällt bei Direktantrieben, weshalb diese wesentlich höhere Momente erzeugen müssen und dadurch größer und schwerer als herkömmliche Antriebssysteme sind. Bei der Konstruktion der Roboterkinematik muß dieser Faktor berücksichtigt werden.

Lineare Direktantriebe werden bereits erfolgreich in Werkzeugmaschinen eingesetzt. Die Vorteile dieser Technik kommen ganz besonders an Achsen mit einfachem, baulich kleinem Aufbau zur Geltung, wie z.B. beim Unrunddrehen mit einem Linearasynchronmotor /24/ oder mit einem elektrodynamischen Antrieb /25/, wo eine hochdynamische Zustellachse lediglich einen Drehmeißel bewegt. In Lageregelung werden damit Bewegungen mit Frequenzen von 100Hz bei einigen Zehntelmillimetern Hub mit einer Genauigkeit von besser als 3µm ausgeführt. Dabei beträgt die Geschwindigkeitsverstärkung über $1400s^{-1}$. Daneben kommen in der letzten Zeit lineare Direktantriebe auch in Hochgeschwindigkeits-Bearbeitungszentren zum Einsatz, wo große Achsaufbauten und Massen bewegt werden /26/. Dank einer Aufspaltung der kinematischen Kette ergeben sich große Verbesserungen der Maschinengenauigkeit, weil gegenüber herkömmlichen elektromechanischen Antriebssystemen deutlich höhere Lageregelungsbandbreiten erzielt werden /26/.

Rotatorische Direktantriebe kommen beispielsweise an Druckwalzen zum Einsatz /27/. Motor und Walze bilden in erster Näherung ein Zweimassenschwinger-System. Gute Regelbandbreiten lassen sich auch bei schwach gedämpfter Eigenfrequenz mit einer Regelung der Lastgrößen erreichen, wenn die Eigenfrequenz sehr hohe Werte aufweist.

In kommerziell verfügbaren Robotern sind Direktantriebe ausschließlich in SCARA-Robotern eingebaut /10/. Hier sind einerseits kleinere Motormomente als bei großen Knickarmrobotern ausreichend, andererseits ist die durch den Wegfall der Getriebe erreichbare Wiederholgenauigkeit in der Größenordnung von wenigen Mikrometern für manche Montagevorgänge unbedingt notwendig. An Knickarmrobotern gelten jedoch die vergleichsweise einfachen Randbedingungen der in /24, 25, 26/ vorgestellten Anwendungen für Direktantriebe nicht. Die Achsantriebe, insbesondere der Grundachsen, wirken auf einen relativ weit entfernten TCP, so daß sich ein großer effektiver Wirkradius ergibt.

Es entstehen zwangsläufig verteilte Nachgiebigkeiten im Armaufbau. Wegen ihrer großen Vielseitigkeit besitzt eine Knickarmkinematik in industrieellen Anwendungen trotzdem große Bedeutung. Direktantriebsroboter in Portal- und Knickarmbauweise befinden sich in Entwicklung /29/. An der Universität Maribor, Slowenien, wird ein als Direktantrieb vorgestelltes Antriebskonzept für einen Roboter angewandt. Tatsächlich kommen in den Achsen Getriebe zum Einsatz, allerdings nicht in herkömmlicher Anordnung der Antriebskomponenten /30/. Weiterhin befinden sich diverse prototypische Aufbauten an amerikanischen Hochschulen in der Entwicklung. In /31/ sind am Massachusettes Institute of Technology durchgeführte Forschungen beschrieben, wobei der Schwerpunkt auf der Antriebstechnik und der Konstruktion direkt angetriebener Roboter liegt. Für die Lageregelungen der Achsen wird ein geringer Wert der -3dB-Bandbreite von ca. 3Hz genannt. Eine detaillierte Untersuchung der Lageregelung unter Berücksichtigung mechanischer Nachgiebigkeiten in den Armen erfolgt in /31/ nicht. Die Modellierung und Regelung elastischer Mehrkörpersysteme wird in /32/ allgemein für herkömmliche Motor-/ Getriebeantriebssysteme untersucht. Dort bilden Verfahren der Zustandsregelung, sowie zur Bestimmung der Deformationen elastischer Roboterarme, einen Schwerpunkt. Die Ergebnisse lassen sich allerdings ohne weitergehende Untersuchungen nicht auf die Regelung direkt angetriebener Roboterachsen anwenden.

2 Nebenbedingungen für die Entwicklung von Direktantriebsrobotern

Zur Genauigkeitserhöhung herkömmlicher Roboter kommen zusätzliche Sensorsysteme, wie in Abschnitt 1.2.3 zusammengefaßt, nur bedingt in Frage, da für eine Erhöhung der Bahngenauigkeit auch die Regeldynamik der Antriebssysteme verbessert werden muß. Hier sind bei herkömmlichen Motor-/ Getriebekombinationen nur noch geringe Fortschritte möglich. Die besondere Stärke der Sensorysteme liegt in ihrer Flexibilität z.B. bzgl. veränderlicher Werkstücklage oder bei der Bearbeitung biegeschlaffer Teile. Dagegen verspricht der Einsatz von Direktantrieben an Roboterachsen, wie die Erfolge dieser Antriebssysteme an Werkzeugmaschinen nahelegen, eine Anhebung der Lageregelungsdynamik. Dadurch wird eine hohe Bahngenauigkeit bei gleichzeitig gesteigerter Bahngeschwindigkeit und eine hohe Dynamik möglich. Die Kinematik von Robotern, insbesondere von Knickarmrobotern, unterscheidet sich jedoch sehr stark von jener der Vorschubachsen in Werkzeugmaschinen. Für sehr flexible Bewegungsabläufe weisen gerade Knickarmkinematiken große Vorteile auf. Bei der Umsetzung des neuen Direktantriebskonzepts für Roboter müssen die dabei auftretenden konstruktiven, kinematischen, steuerungs- und regelungstechnischen Randbedingungen berücksichtigt werden. Dabei ist insbesondere der Einfluß von Nachgiebigkeiten im Roboteraufbau zu beachten.

2.1 Konstruktion und Kinematik

Da Direktantriebe deutlich größer und schwerer als herkömmliche Motor-/Getriebe-Systeme ausfallen, müssen bei der Konstruktion von Direktantriebsrobotern neue Wege eingeschlagen werden. Die übliche serielle Anordnung der Antriebe jeweils im Gelenk zwischen zwei Roboterarmen führt bei dem Einsatz von Direktantrieben wegen ihres hohen Gewichts zu großen Trägheitsmomenten für die vorgelagerten Achsen. Für eine hohe Dynamik des Roboters sind daher sehr hohe Drehmomente der Antriebe erforderlich. Diese lassen sich nur durch eine Vergrößerung der Antriebe erzielen. Daneben bewirkt das hohe Eigengewicht von Direktantrieben eine hohe statische Belastung vorgelagerter horizontal liegender Achsen, welche zu einem unerwünschten unsymmetrischen Beschleunigungsvermögen führt und die Antriebe thermisch belastet. Gewichtsausgleiche verringern diesen Einfluß, erhöhen allerdings bei Ausführung mittels Gegengewichten das Trägheitsmoment. Durch eine geschickte, in der Regel aber komplizierte, Abstimmung nichtlinearer Federn läßt sich ebenfalls ein Gewichtsausgleich herbeiführen. Eine gemeinsame Betrachtung von Kinematik und Konstruktion ist bei der Verwirklichung direkt angetriebener Roboter aus vorgenannten Gründen unerläßlich. Dieser Schwerpunkt wird z.B. in /31/ ausführlich behandelt. Eine konstruktive Lösung für einen in den ersten drei Achsen direkt angetriebenen Knickarmroboter, sowie einen fünfachsigen Portalroboter, stellt /29/ vor.

Die hohe, durch den Einsatz von Direktantrieben zu erwartende Achs- und Regeldynamik macht einen sehr steifen Aufbau direkt angetriebener Roboter erforderlich, damit zum einen die auftretenden mechanischen Eigenfrequenzen möglichst hohe Werte aufweisen, zum anderen dynamische Verformungen der Arme die sehr gute Genauigkeit der Direktantriebsachsen nicht verringern.

Einen weiteren Einfluß auf die Genauigkeit von Robotern stellen kinematische Verkopplungen dar. Das sind Kräfte bzw. Momente, welche bei Bewegungsabläufen auf die Achsantriebe zurückwirken und damit in Abhängigkeit vom Störverhalten der Achsregelungen zu Bahnfehlern führen. Ursachen für diese Störmomente sind Coriolis-, Zentripetal- und Trägheitskräfte. Für Roboter mit herkömmlichen Antrieben sind diese Koppelmomente bereits untersucht. Aufgrund der durch den Einsatz von Direktantrieben möglichen größeren Bewegungsdynamik und Bahngeschwindigkeit müssen diese Effekte allerdings unter diesen geänderten Randbedingungen betrachtet werden. Insbesondere ergibt sich durch den quadratischen Einfluß der Geschwindigkeit auf die Coriolis- und Zentripetalkräfte eine überproportionale Auswirkung auf die Koppelmomente.

Die Kinematik, und hier insbesondere von Knickarmrobotern, bewirkt Schwankungen der Trägheitsmomente in den einzelnen Roboterachsen. Durch den Einsatz von Direktantrieben ergibt sich im Vergleich zu herkömmlichen Antriebssystemen eine größere Auswirkung auf die Regelung der Roboterachsen, weil die Motorträgheit durch den Wegfall der Getriebe die Gesamtträgheit an der Motorwelle nicht mehr wesentlich bestimmt. Das bedeutet, daß sich die Stellungsabhängigkeit der Trägheitsmomente verstärkt auf Direktantriebe auswirkt und daher untersucht werden muß.

2.2 Steuerungstechnik

Die durch den Einsatz von Direktantrieben anvisierte Erhöhung der Bahngenauigkeit bei hoher Geschwindigkeit darf nicht durch ungünstige steuerungstechnische Randbedingungen verringert werden.

In der Robotersteuerung können bereits Bahnfehler aufgrund von Abweichungen der für die Lageregelungen der einzelnen Achsen berechneten Sollwerte vom idealen Verlauf entstehen. Ursachen hierfür sind:

- Interpolationsfehler,
- begrenzter Interpolationstakt und
- Parameterfehler der Koordinatentransformation von Raum- in Achskoordinaten.

Der Interpolationstakt wirkt insbesondere bei hohen Bahngeschwindigkeiten begrenzend, weil dann Krümmungen nur noch durch eine unzureichende Anzahl von Stützstellen des Interpolators dargestellt werden. Für einen Kreis mit Radius r, der mit einer Bahngeschwindigkeit v_B bei einem Interpolationstakt T_{ipo} durchfahren wird, liegen die vom Interpolator berechneten Stützstellen auf dem Kreis. Bei als im Raum linear angenommener Feininterpolation zwischen diesen Stützstellen wird der Kreisbogen durch Geradenstücke, also durch Sekanten, angenähert. Dadurch ergibt sich eine maximale Radiusabweichung der Sollwerte von:

$$\Delta r = r\left(1 - \cos\frac{v_B T_{ipo}}{2r}\right). \tag{2.1}$$

Bei großem Quotienten aus Bahngeschwindigkeit und Radius muß daher der Interpolationstakt klein sein. Ab $T_{ipo} \geq \pi r / v_B$ kann der Kreis nicht mehr dargestellt werden.

Die Roboterkinematik muß so gewählt werden, daß sie invertiert werden kann /33/, da die Robotersteuerung für programmierte Bahnen im Raum die zugeordneten Verläufe der Gelenkkoordinaten anhand der inversen Kinematik berechnet. Der Rechenaufwand dafür soll möglichst gering sein, damit ein kurzer Interpolationstakt erreicht wird.

Abweichungen zwischen der realen Roboterkinematik und dem der Rücktransformation in der Steuerung zugrundeliegenden Kinematikmodell bewirken Fehler in der absoluten Positioniergenauigkeit und damit auch in der Bahn /16/. Hier sind insbesondere Winkelfehler der Achsen und Abweichungen der Armlängen zu nennen. Die genannten Parameterfehler führen zwar zu großen absoluten Positionsfehlern, aber nur zu geringen relativen Bahnfehlern innerhalb von räumlich begrenzten Bahnen /20/. Z.B. wird ein Kreis mit kleinem Radius wieder sehr gut auf einen Kreis mit diesem Radius abgebildet, allerdings mit einer Verschiebung im Raum gegenüber der Sollbahn. Durch aufwendige, z.B. in /16/ erarbeitete, Kalibrationsverfahren lassen sich diese absoluten Positionsfehler kompensieren und sind daher nicht Gegenstand der vorliegenden Arbeit.

2.3 Regelungstechnik

Durch den Einsatz von Direktantrieben verändert sich die Charakterisitik des Antriebsstrangs erheblich, da mit dem Getriebe die wesentliche Nachgiebigkeit entfällt. Dadurch verlieren herkömmliche Untersuchungen zur Regelung von Roboterachsen ihre Gültigkeit. Direktantriebe werden zwar schon in verschiedenen Arbeiten auch regelungstechnisch betrachtet, z.B. in /9, 24, 25, 28, 39/, allerdings bauen die dort zugrundegelegten Streckenmodelle auf mechanisch steifen oder eine mechanische Eigenfrequenz aufweisenden Systemen auf. Diese Voraussetzung erfüllen insbesondere Roboterachsen nicht, weil in den Achsaufbauten mehrere Nachgiebigkeiten in jeweils etwa derselben Größenordnung vorkommen. Dadurch können die Regelungsverfahren aus der Literatur nicht ohne weiteres auf direkt angetriebene Roboterachsen übertragen werden, sondern es müssen für diese Anwendung neue Verfahren hergeleitet und untersucht werden. In /32/ wird u.a. die Regelung von elastischen Mehrkörpersystemen in Verbindung mit herkömmlichen Antriebssystemen betrachtet, nicht jedoch im Hinblick auf den Einsatz von Direktantrieben.

Die Bandbreite der Lageregelung beeinflußt über die Schleppabstände der Achsen die erreichbare Bahngenauigkeit insbesondere bei hohen Verfahrgeschwindigkeiten. Bei kartesischer Anordnung linearer Achsen, welche durch regelungstechnische Maßnahmen exakt identisches dynamisches Verhalten aufweisen, werden geradlinige Bahnen ohne Fehler abgebildet. Für Knickarmrobotern gilt dieser Zusammenhang nicht. Außerdem genügt es nicht, einzelne Achsen auf geringe Schleppabstände zu optimieren. Das Führungsverhalten aller Achsregelungen legt die Abweichungen der Bahn fest. Grundsätzlich können schwach gedämpfte Eigenfrequenzen der Achsen auftreten, welche von den Regelungen nicht oder nicht vollständig bedämpft werden. Die daraus resultierenden Eigenschwingungen der geregelten Achsen führen zu überlagerten Schwingungen am TCP. Daneben beeinflussen Störkräfte bzw. -momente, wie beispielsweise

- Zentripetalkräfte,
- Corioliskräfte,
- Gewichtsmomente,

- Bearbeitungsprozeßkräfte,
- Beschleunigungsmomente anderer Achsen und
- Reibmomente,

aufgrund des begrenzten Störverhaltens der Lageregelungen die Bahngenauigkeit.

Weiterhin bewirkt ein Jitter der Lageregelungs-Abtastzeit, neben der dadurch verringerten Regelungsbandbreite, zusätzliche Bahnabweichungen, weil die Achssollwerte für einen anderen Zeitpunkt berechnet sind, als sie in der Regelung verarbeitet werden. Dieser Einfluß ist bei Bahngenauigkeiten heutiger Roboter im Millimeterbereich vernachlässigbar, da selbst Jitter von z. B. 100µs bei Bahngeschwindigkeiten von 1m/s theoretisch eine Abweichung von maximal 0,1mm bewirken. Die absolute Genauigkeit und die Auflösung der Wegmeßsysteme beeinflussen die maximal mögliche Genauigkeit ebenfalls. Bei z.B. 100.000 Inkrementen pro Umdrehung ergibt sich in einem Abstand von 2m vom Drehpunkt eine Positionsauflösung von 0,13mm.

2.4 Nachgiebigkeiten im Roboteraufbau

Auch wenn Getriebe als wesentliche Nachgiebigkeit in Direktantriebssystemen entfallen, bestimmen Nachgiebigkeiten im Antriebsstrang die auftretenden Eigenfrequenzen und damit die erreichbare Lageregelungsbandbreite /21/. Allerdings liegen im Aufbau der Roboterachsen mehrere Nachgiebigkeiten in derselben Größenordnung vor. Zusätzlich führen Nachgiebigkeiten zwischen dem Ort der Lageerfassung und der Armspitze zu belastungsabhängigen Positions- und damit Bahnfehlern des TCP. Bei schwankenden Lastmomenten, z.B. durch sich verändernde Gewichts- oder Bearbeitungsmomente, wirkt sich dieser Effekt besonders störend aus. Ursachen von Nachgiebigkeiten sind bei herkömmlichen Motor-/Getriebekombinationen hauptsächlich die Getriebe, bei direkt angetriebenen Achsen dagegen Kupplungen, Lagerungen und die Roboterarme selbst.

Die Anbindung des Roboters an ein Fundament muß sehr steif erfolgen, weil hohe Antriebsmomente abgestützt werden müssen. Z.B. ergibt sich bei einer Steifigkeit von 10^7Nm/rad und einer Belastung mit 1500Nm eine Winkelabweichung über der Nachgiebigkeit von $1{,}5 \cdot 10^{-4}\,\text{rad}$. Dies entspricht einem Weg von 0,3mm in 2m Entfernung vom Drehpunkt.

2.5 Zielsetzung und Vorgehensweise der Arbeit

Ein Einsatz von Direktantrieben an Roboterachsen verspricht eine deutliche Erhöhung der Dynamik und Genauigkeit von Robotern. Eine sehr wichtige Voraussetzung dafür bilden regelungstechnische Grundlagen, welche neben einem Regelungsverfahren für direkt angetriebene Roboterachsen Richtlinien zu dessen Parametrierung bereitstellen. In herkömmlichen Ansätzen zur Regelung von Industrierobotern spielen Nachgiebigkeiten im Armaufbau keine Rolle, weil deren Steifigkeit ohne allzu großen Aufwand um mindestens eine Größenordnung höher als jene von Getrieben liegt. Damit gilt für herkömmliche Motor- / Getriebekombinationen in guter Näherung ein Modell, welches ausschließlich die Getriebenachgiebigkeit berücksichtigt. Die bisherigen Arbeiten zur Regelung von Roboterachsen verlieren mit diesem Modell ihre Gültigkeit, wenn Direktantriebe eingesetzt werden, d.h. die aus der Literatur bekannten Ergebnisse können nicht ungeprüft auf diese neue Antriebstechnik angewandt werden. Als Basis für die regelungstechnische Betrachtung von Direktantrieben an Roboterachsen muß ein Regelstreckenmodell mit mehr als einer Nachgiebigkeit hergeleitet werden. Auf der Grundlage des neu festgelegten Modells müssen Regelungsverfahren für direkt angetriebene Roboterachsen ermittelt und deren Parametrierung und Grenzen aufgezeigt werden. Diese Untersuchungen sollen ausschließlich für einzelne Achsen erfolgen, da voneinander unabhängige Achsregelungen leicht zu parametrieren und in Betrieb zu nehmen sind. Die Ergebnisse lassen sich grundsätzlich auf andere Achsen mit ähnlich kompliziertem Aufbau wie dem von Knickarmrobotern übertragen.

Die Obergrenze der mit Direktantrieben erzielbaren Regelungsdynamik ergibt sich, wenn die Parametrierung ohne eine Berücksichtigung von destabilisierenden Einflüssen, wie sie PT_1-Zeitkonstanten oder I-Anteile darstellen, hergeleitet wird. Für eine praktische Anwendung der zu entwickelnden Richtlinien muß die Auswirkung dieser Einflüsse separat betrachtet werden. Als neuer Ansatz sollen bei der Regelungsauslegung wahlweise der Achslage überlagerte relativ hochfrequente Schwingungen als zulässig oder unzulässig betrachtet und die Auswirkung dieses Auslegungskriteriums auf die Regelungsdynamik und das Regelungsverhalten angegeben werden. Kinematisch bedingte Störmomente resultieren bei sehr schnellen Bewegungsabläufen wegen deren quadratischer Abhängigkeit von der Geschwindigkeit vor allem aus Coriolis- und Zentripetalkräften, weshalb dieser Einfluß auf direkt angetriebene Roboterachsen zu betrachten ist. Ein übliches Verfahren zur Verbesserung des Führungsverhaltens geregelter Achsen stellen Vorsteuerungen dar. Diese müssen im Hinblick auf einen Einsatz an direkt angetriebenen Roboterachsen neu betrachtet und bewertet werden.

Die Gegebenheiten direkt angetriebener Achsen führen zu einer im Vergleich zum Einsatz herkömmlicher Antriebssysteme besonders starken Beeinflussung der Regelungsparametrierung durch die Roboterstellung. Insbesondere bei Knickarmkinematiken variieren die mechanischen Parameter der einzelnen Achsen stark. Für die Untersuchung ist ein auf die Regelungsauslegung abgestimmtes Verfahren zur Berechnung der Stellungsabhängigkeit herzuleiten. Unter Anwendung dieses Verfahrens sind Richtlinien zur robusten Auslegung der Achsregelungen zu erarbeiten.

Die vorstehend aufgelisteten Untersuchungen zeigen neben der Regelungsauslegung die Einsatzgrenzen von Direktantrieben für gegebene mechanische Parameter auf. Die Untersuchung, welche mechanische Parameter ein im Sinne maximaler Geschwindigkeitsverstärkung optimales Regelverhalten ergeben, ist daher eine notwendige Grundlage für spätere optimierte Konstruktionen direkt angetriebener Roboter. Dabei sind ggf. auftretende, der Armlage überlagerte Schwingungen zu berücksichtigen.

Da mechanische Parameter häufig unter konstruktiven Gesichtspunkten nicht beliebig variiert werden können, muß untersucht werden, welche regelungstechnischen Maßnahmen zu einer weiteren Erhöhung der Regeldynamik führen.

3 Modellbildung für die regelungstechnische Auslegung der Roboterachsen

Die Herleitung und Untersuchung von Regelungsverfahren für direkt angetriebene Roboterachsen erfolgt anhand eines Regelstreckenmodells, welches das Systemverhalten einer einzelnen Achse ausreichend genau beschreibt und trotzdem überschaubar bleibt. Die durch die Kinematik gegebene Stellungsabhängigkeit des Achsverhaltens wird durch stellungsabhängige mechanische Parameter berücksichtigt. Im folgenden besteht ein n-Massenschwinger aus einem mechanischen System mit n-1 Nachgiebigkeiten und der durch die Regelung des Motors implizit vorhandenen Ankopplung des ersten Teilkörpers an das Inertialsystem. Unter Berücksichtigung der Regelung entstehen daher n schwingfähige Teilsysteme.

Herkömmliche Modelle für die Regelstrecke einer Roboterachse basieren auf einer dominanten Nachgiebigkeit zwischen Motor und Mechanik, welche vom Getriebe herrührt /34/. Weitere Nachgiebigkeiten im Roboterarm weisen deutlich höhere Steifigkeiten als jene des Getriebes auf und können daher in der Regel vernachlässigt werden. Damit stellt ein Zweimassenschwinger ein hinreichend genaues Achsmodell dar. Für den Fall elastischer Roboterarme, d.h. bei großer Nachgiebigkeit der Arme, gilt dieses einfache Modell nicht /32/. Ebenso verliert es bei Einsatz von Direktantrieben seine Gültigkeit. Antrieb und Achse sind im letztgenannten Fall sehr steif gekoppelt. Dadurch liegen die Steifigkeiten des Armaufbaus und der Antriebsankopplung etwa in derselben Größenordnung, was zu einer Mehrmassenschwinger-Charakteristik der Achse führt, d. h. das Achsverhalten läßt sich nicht mehr durch eine einzelne, dominante Eigenfrequenz annähern. Als Beispiel zeigt Bild 3.1 den an der ersten Achse eines direkt angetriebenen Roboters zwischen Motormoment und Motorbeschleunigung gemessenen Frequenzgang. Die Phase fällt zu hohen Frequenzen ab, weil die Messung der Motorbewegung mittels des an der Rotorwelle befestigten inkrementellen Meßsystems prinzipbedingt nur zeitdiskret erfolgen kann. Es sind fünf ausgeprägte Resonanzstellen vorhanden. Die Eigenfrequenzen liegen zwischen ca. 80Hz und 360Hz. Ein Fünfmassenschwinger wird durch ein System zehnter Ordnung beschrieben. Dadurch geht die Übersicht über dessen Verhalten verloren. Modelle vierter Ordnung, wie sie für herkömmliche Motor-/ Getriebeantriebssysteme gelten, charakterisieren das Achsverhalten nicht genau genug. Z.B. können Zweimassenschwinger-Systeme sehr gut durch eine Rückführung der Drehzahldifferenz zwischen den beiden nachgiebig verbundenen mechanischen Teilkörpern gedämpft werden /50/. Diese einfache Maßnahme führt bei tatsächlich höherer Modellordnung u.U. zu Instabilitäten. Daher reicht die Betrachtung eines Zweimassenschwingers als Grundlage für die Regelung direkt angetriebener Roboterachsen nicht aus. Eine bessere Basis stellt ein Dreimassenschwinger-Modell dar. Anhand dieses Modells lassen sich prinzipielle Zusammenhänge für die Regelung direkt angetriebener Roboterachsen herleiten und untersuchen. Die tatsächlich sehr viel komplexere Struktur der Achsen, vgl. Bild 3.1, läßt sich für einfache Regelungsverfahren durch Anwendung von Methoden zur Modellreduktion ausreichend genau auf Dreimassenschwinger-Modelle reduzieren, während dies für höhere Regelungsverfahren nicht zulässig ist /32/. Die drei Teilkörper des Dreimassenschwinger-Modells werden im folgenden mit "Motor", "Zwischenkörper" und "Arm" bezeichnet.

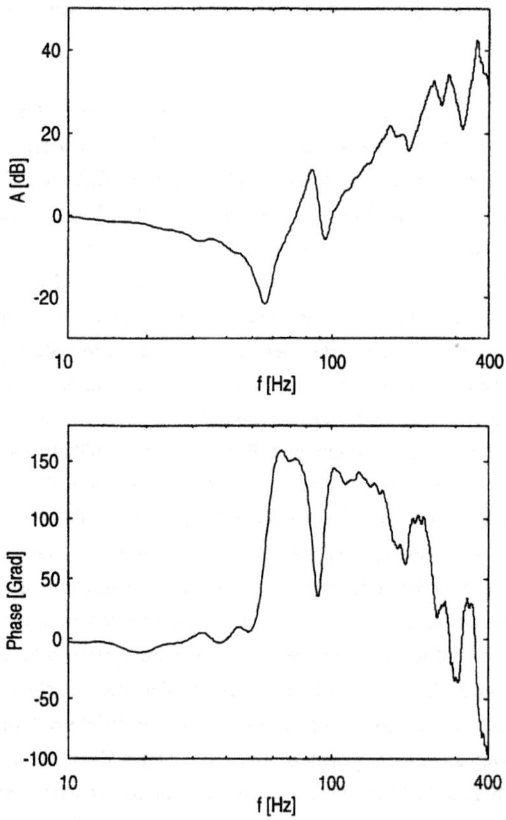

Bild 3.1: An der ersten Achse eines direkt angetriebenen Roboters gemessener Frequenzgang zwischen Motormoment und Motorbeschleunigung. Der leicht wellige Verlauf der Kurven resultiert aus Meßunsicherheiten durch Reibung.

Bei herkömmlichen Antriebssystemen mit großer Untersetzung spielt die Charakteristik des Armaufbaus für die Regelung des Motors eine untergeordnete Rolle, weil das Untersetzungsgetriebe die Rückwirkungen auf den Motor reduziert und zum anderen aufgrund seiner inneren Reibung dämpfend wirkt /34/. Abtriebsseitig auftretende mechanische Schwingungen sind bei den üblichen großen Untersetzungen des Getriebes motorseitig nicht meßbar.

3.1 Bewegungsgleichung eines Mehrmassenschwingers

Eine Roboterachse stellt genau genommenen ein System mit verteilten Massen und Nachgiebigkeiten dar /32/. Näherungsweise läßt sie sich aus n einzelnen Körpern modellieren, welche über konzentrierte Nachgiebigkeiten verbunden sind. Bild 3.2 zeigt diese Struktur schematisch in linearer Anordnung. Die Lage des i-ten Teilkörpers wird im folgenden mit x_i bezeichnet.

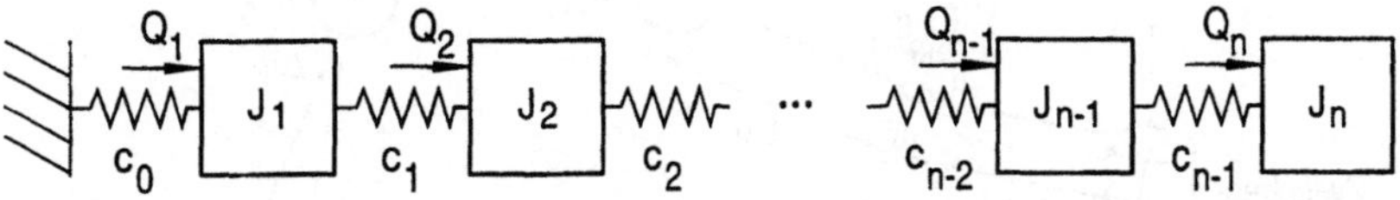

Bild 3.2: Mechanisches Modell für ein Mehrmassenschwinger-System in linearer Anordnung

Handelt es sich bei Drehbewegungen um Torsionsfederelemente zwischen den einzelnen Körpern, welche sich um eine gemeinsame Achse drehen, ergibt sich, z. B. unter Ansatz der Lagrange'schen Gleichung zweiter Art, eine Mehrmassenschwinger-Charakteristik mit Bewegungsgleichungen der Form /35/:

$$\begin{pmatrix} J_1 & 0 & 0 & .. & 0 \\ 0 & J_2 & 0 & .. & 0 \\ 0 & 0 & J_3 & .. & 0 \\ : & : & : & : & : \\ 0 & 0 & 0 & .. & J_n \end{pmatrix} \begin{pmatrix} \ddot{x}_1 \\ \ddot{x}_2 \\ \ddot{x}_3 \\ : \\ \ddot{x}_n \end{pmatrix} + \begin{pmatrix} c_0 + c_1 & -c_1 & 0 & .. & 0 \\ -c_1 & c_1 + c_2 & -c_2 & .. & 0 \\ 0 & -c_2 & c_2 + c_3 & .. & 0 \\ : & : & : & .. & : \\ 0 & 0 & 0 & .. & c_{n-1} \end{pmatrix} \begin{pmatrix} x_1 \\ x_2 \\ x_3 \\ : \\ x_n \end{pmatrix} = Q \qquad (3.1)$$

Die Steifigkeit c_0 beschreibt die Verbindungssteifigkeit zwischen dem ersten Körper und dem Inertialsystem. Falls der erste Körper den Rotor eines Antriebs darstellt, rührt diese Steifigkeit von der Lageregelung des Antriebs, sowie von dessen Anbindung an das Inertialsystem, her. Q gibt die eingeprägten Momente an.

3.2 Dreimassenschwinger-Modell

Die Bewegungsgleichung eines Dreimassenschwingers ergibt sich aus Gl. (3.1) für n=3. Liegen Nachgiebigkeiten außerhalb der Drehachse, gilt diese Gleichung nicht. Als Beispiel für diesen Fall folgt die Herleitung der Bewegungsgleichungen für ein System aus drei Körpern, in welchem zwei Körper mit gemeinsamer Drehachse über eine Torsionsfeder, sowie ein dritter, als punktförmige Masse modellierter Körper über eine Nachgiebigkeit außerhalb der Drehachse gekoppelt sind, Bild 3.3. Die Masse des als ideal steif angenommenen Stabs wird dem Trägheitsmoment J_Z des Zwischenkörpers zugeschlagen.

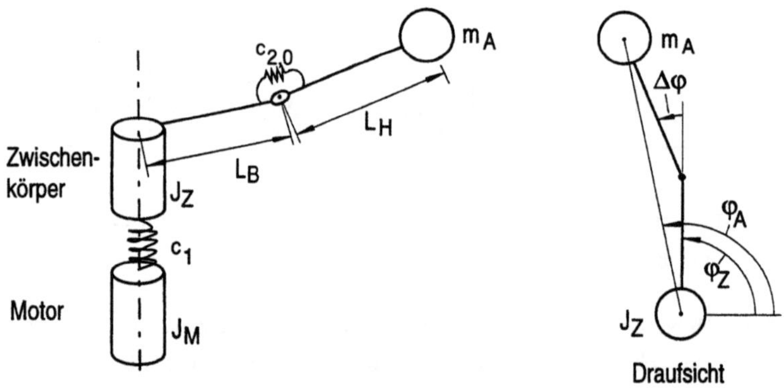

Bild 3.3: Dreimassenschwinger mit einer Nachgiebigkeit außerhalb der Drehachse. Die von der Regelung herrührende nachgiebige Anbindung an das Inertialsystem ist der Übersicht wegen hier nicht eingezeichnet. Die Draufsicht auf den Roboterarm rechts im Bild zeigt die Koordinatenwinkel φ_Z und φ_A.

Für dieses System lauten die kinetische und potentielle Energie:

$$T=\frac{1}{2}\left[J_M\omega_M^2+J_Z\omega_Z^2+m_A R_{23}^2\omega_A^2\right]$$

$$U=\frac{1}{2}\left[c_0\varphi_M^2+c_1(\varphi_Z-\varphi_M)^2+c_{2,0}(\Delta\varphi)^2\right]$$

wobei $\Delta\varphi$ die Auslenkung der Feder am Ende des Stabs angibt. Das Zeichen R_{23} steht für den Abstand der Masse m_A von der gemeinsamen Drehachse der ersten beiden Körper, Bild 3.3.

Es gilt:

$$\Delta\varphi=\frac{\pi}{2}-\arccos\frac{L_B\sin(\varphi_A-\varphi_Z)}{L_H}+\varphi_A-\varphi_Z$$

$$R_{23}=\sqrt{L_B^2+L_H^2+2L_BL_H\cos(\Delta\varphi)}$$

Für kleine Relativwinkel $\varphi_A-\varphi_Z$, wie sie bei hoher Koppelsteifigkeit $c_{2,0}$ auftreten, entsteht aus diesen Gleichungen unter Anwendung der Reihenentwicklungen für die trigonometrischen Funktionen:

$$\Delta\varphi\approx\left(1+\frac{L_B}{L_H}\right)(\varphi_A-\varphi_Z)$$

$$R_{23}\approx\sqrt{(L_B+L_H)^2-L_BL_H\left(1+\frac{L_B}{L_H}\right)^2(\varphi_A-\varphi_Z)^2}\approx L_B+L_H=L$$

Damit ergeben sich die Bewegungsgleichungen zu:

$$\begin{pmatrix} J_M & 0 & 0\\ 0 & J_Z & 0\\ 0 & 0 & m_A L^2\end{pmatrix}\begin{pmatrix}\ddot{\varphi}_M^2\\ \ddot{\varphi}_Z^2\\ \ddot{\varphi}_A^2\end{pmatrix}+\begin{pmatrix} c_0+c_1 & -c_1 & 0\\ -c_1 & c_1+c_{2,0}\left(\frac{L}{L_H}\right)^2 & -c_{2,0}\left(\frac{L}{L_H}\right)^2\\ 0 & -c_{2,0}\left(\frac{L}{L_H}\right)^2 & c_{2,0}\left(\frac{L}{L_H}\right)^2\end{pmatrix}\begin{pmatrix}\varphi_M\\ \varphi_Z\\ \varphi_A\end{pmatrix}=Q \qquad (3.2)$$

Das System nach Bild 3.3 weist eine Dreimassenschwinger-Struktur auf. Im eingeprägten Moment Q ist nur die erste Zeile belegt, da das Antriebsmoment ausschließlich auf den Motor wirkt.

3.3 Übertragungsfunktion des Dreimassenschwingers

Für die weiteren Betrachtungen wird das allgemeine Dreimassenschwinger-System gemäß Bild 3.3 für n=3 in ein regelungstechnisches Blockschaltbild überführt. Zur Erhöhung der Anschaulichkeit ist im folgenden $J_A = m_A L^2$ gesetzt. Bild 3.4 zeigt das sich ergebende Blockschaltbild. Zur Gegenüberstellung enthält das Modell eine Getriebeuntersetzung. Im allgemeinen Fall sind zusätzlich, wie im Bild gezeigt, Dämpfungen zu berücksichtigen. Im folgenden wird die effektive Steifigkeit $c_{2,0}(L/L_H)^2$ mit c_2 abgekürzt.

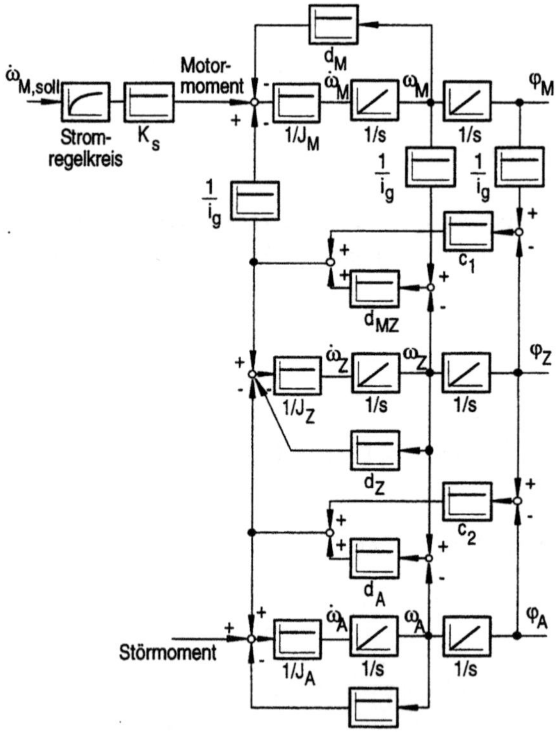

Bild 3.4: Regelungstechnisches Blockschaltbild eines Dreimassenschwingers.

Zur Untersuchung der Regelungsverfahren sind Übertragungsfunktionen bzw. die Darstellung der Zusammenhänge zwischen den physikalischen Größen und Konstanten im Zustandsraum von Bedeutung.

Die Systemgleichung der Strecke lautet:

$$\begin{aligned} \dot{x} &= A \cdot x + b \cdot u \\ y &= Cx + Du \end{aligned} \tag{3.3}$$

mit:

$$A = \begin{pmatrix} 0 & 1 & 0 & 0 & 0 & 0 \\ -\frac{c_1}{i_g^2 J_M} & -\frac{d_M}{J_M} & \frac{c_1}{J_M i_g} & 0 & 0 & 0 \\ 0 & 0 & 0 & 1 & 0 & 0 \\ \frac{c_1}{i_g J_Z} & \frac{d_{MZ}}{i_g J_Z} & -\frac{c_1 + c_2}{J_Z} & -\frac{d_{MZ} + d_Z}{J_Z} & \frac{c_2}{J_Z} & 0 \\ 0 & 0 & 0 & 0 & 0 & 1 \\ 0 & 0 & \frac{c_2}{J_A} & \frac{d_{ZA}}{J_A} & -\frac{c_2}{J_A} & -\frac{d_{ZA} + d_A}{J_A} \end{pmatrix} \tag{3.4}$$

und:

$$b = \begin{pmatrix} 0 & \frac{J_g}{J_M} & 0 & 0 & 0 & 0 \end{pmatrix}^T \tag{3.5}$$

sowie:

$$x = \begin{pmatrix} \varphi_M & \dot{\varphi}_M & \varphi_Z & \dot{\varphi}_Z & \varphi_A & \dot{\varphi}_A \end{pmatrix}^T = \begin{pmatrix} x_1 & x_2 & x_3 & x_4 & x_5 & x_6 \end{pmatrix}^T \tag{3.6}$$

Die Ausgangsgröße ist der Motor- bzw. der Armwinkel, und es exisitiert kein Durchgriff vom Stellsignal zur Ausgangsgröße, d. h.

$$C = \begin{pmatrix} 1 & 0 & 0 & 0 & 0 & 0 \end{pmatrix}^T \quad \text{bzw.} \quad C = \begin{pmatrix} 0 & 0 & 0 & 0 & 1 & 0 \end{pmatrix}^T \quad \text{und } D = 0.$$

Daraus ergibt sich die für die Regelung der Motorgrößen wichtige Übertragungsfunktion F_1 vom Stellsignal u zur Motorlage x_1:

$$F_1 = \frac{X_1}{U} = J_g \frac{b_4 s^4 + b_3 s^3 + b_2 s^2 + b_1 s^1 + b_0}{a_6 s^6 + a_5 s^5 + a_4 s^4 + a_3 s^3 + a_2 s^2 + a_1 s} \tag{3.7}$$

mit:

$$
\begin{aligned}
b_4 &= J_Z J_A \\
b_3 &= d_{MZ} J_A + (d_{ZA} + d_A) J_Z + d_Z J_A \\
b_2 &= d_{MZ}(d_{ZA} + d_A) + d_Z(d_{ZA} + d_A) + c_2(J_A + J_Z) + c_1 J_A \\
b_1 &= c_2(d_{MZ} + d_Z + d_A) + c_1(d_{ZA} + d_A) \\
b_0 &= c_1 c_2
\end{aligned}
\tag{3.8}
$$

und:

$$
\begin{aligned}
a_6 &= J_M J_Z J_A \\
a_5 &= d_M J_A J_Z + J_A J_M (d_Z + d_{MZ}) + J_M J_Z (d_A + d_{ZA}) \\
a_4 &= J_M\left[c_1 J_A + c_2(J_A + J_Z) + (d_Z + d_{MZ})(d_A + d_{ZA})\right] + d_M\left(J_Z(d_A + d_{ZA}) + J_A(d_Z + d_{MZ})\right) \\
&\quad + \frac{c_1 J_A J_Z}{i_g^2} \\
a_3 &= d_M\left[c_2(J_A + J_Z) + c_1 J_A + (d_{MZ} + d_Z)(d_A + d_{ZA})\right] + \frac{c_1 J_Z (d_A + d_{ZA})}{i_g^2} + \frac{c_1 J_A d_Z}{i_g^2} \\
&\quad + J_M\left[c_1(d_A + d_{ZA}) + c_2(d_A + d_Z + d_{MZ})\right] \\
a_2 &= d_M\left[c_2(d_Z + d_{MZ} + d_A) + c_1(d_A + d_{ZA})\right] + c_1 c_2 J_M + \frac{c_1\left(c_2(J_Z + J_A) + d_Z(d_2 + d_A)\right)}{i_g^2} \\
a_1 &= \frac{c_1 c_2 (d_A + d_Z + i_g^2 d_M)}{i_g^2}
\end{aligned}
\tag{3.9}
$$

Die Übertragungsfunktion vom Stellsignal zur Zwischenkörperlage entsteht aus Gleichung (3.4) bis (3.6), wobei:

$$
\begin{aligned}
b_4 &= 0 \\
b_3 &= \frac{J_A d_{MZ}}{i_g} \\
b_2 &= \frac{c_1 J_A + d_{MZ}(d_{ZA} + d_A)}{i_g} \\
b_1 &= \frac{c_1(d_{ZA} + d_A) + c_2 d_{MZ}}{i_g} \\
b_0 &= \frac{c_1 c_2}{i_g}
\end{aligned}
\tag{3.10}
$$

Zur Beurteilung des Verhaltens am TCP wird die Übertragungsfunktion vom Stellsignal zur Armlage herangezogen, welche sich von der Übertragungsfunktion vom Stellsignal zur Motorlage lediglich im Zähler unterscheidet, dessen Koeffizienten sich gemäß

$$b_2 = \frac{d_{ZA} d_{MZ}}{i_g}$$
$$b_1 = \frac{c_1 d_{ZA} + c_2 d_{MZ}}{i_g} \qquad (3.11)$$
$$b_0 = \frac{c_1 c_2}{i_g}$$

ergeben. Alle höheren Koeffizienten sind Null. Im ungedämpften Fall treten keine Nullstellen auf.

Durch die hohe Streckenordnung und die Dämpfungsterme entstehen nicht mehr handhabbare Terme für die Übertragungsfunktionen. Insbesondere ist eine geschlossene Lösung der charakteristischen Gleichung nur numerisch möglich, da im Nenner alle Potenzen von s bis s^6 auftreten. Die Koeffizienten a_1, a_3 und a_5, sowie b_1 und b_3 hängen von den Dämpfungen der Regelstrecke ab und verschwinden unter der Annahme ungedämpfter Elemente. Diese Vereinfachung ist für die Betrachtung direkt angetriebener Roboterachsen sinnvoll, da mechanische Eigenschwingungen in der Regel nur mit geringen relativen Dämpfungen $D \approx 0{,}02$ auftreten, und zum anderen ungedämpfte Schwingungen den regelungstechnisch ungünstigsten Fall darstellen. Damit entsteht folgende Übertragungsfunktion:

$$F_1 = \frac{J_g}{J_M J_Z J_A} \frac{J_Z J_A s^4 + \left(c_2 (J_A + J_Z) + c_1 J_A\right) s^2 + c_1 c_2}{s^6 + \left(\frac{c_1 + c_2}{J_Z} + \frac{c_2}{J_A} + \frac{c_1}{i_g^2 J_M}\right) s^4 + \left(\frac{c_1 c_2}{J_A J_Z} + \frac{c_1 c_2}{i_g^2 J_M J_A} + \frac{c_1 c_2}{i_g^2 J_M J_Z}\right) s^2} \qquad (3.12)$$

Die Übertragungsfunktion weist neben einem Doppelpol in $s = 0$ zwei konjugiert komplexe, imaginäre Polpaare auf. Die Eigenfrequenzen sind:

$$\omega_{1/2} = \sqrt{\frac{J_M J_A (c_1 + c_2) + \frac{c_1 J_Z J_A}{i_g^2} + c_2 J_M J_Z \mp \sqrt{w}}{2 J_M J_Z J_A}} \qquad (3.13)$$

wobei

$$w = J_M^2 J_A^2 (c_1 + c_2)^2 - 2J_M^2 J_A J_Z (c_1 c_2 - c_2^2) + J_M^2 J_Z^2 c_2^2$$
$$+ \frac{2J_M J_A^2 J_Z (c_1^2 - c_1 c_2) - 2J_M J_Z^2 J_A c_1 c_2}{i_g^2} + \frac{J_Z^2 J_A^2 c_1^2}{i_g^4}$$

ist.

Die Nullstellen der Übertragungsfunktion ergeben sich bei ungedämpfter Strecke zu

$$\omega_{N,1/2} = \sqrt{\frac{c_1 J_A + c_2 (J_Z + J_A) \mp \sqrt{c_2^2 (J_Z + J_A)^2 + 2c_1 c_2 J_A (J_A - J_Z) + c_1^2 J_A^2}}{2J_Z J_A}} \tag{3.14}$$

3.4 Parameterschwankungen

Den Ausführungen liegt eine einzelne Roboterachse zugrunde. Deren mechanische Parameter, und ganz besonders die Trägheitsmomente, hängen allerdings von der Stellung des Roboters ab, so daß sich große Parameterschwankungen ergeben, wenn der Roboter verschiedene Stellungen einnimmt. Daneben verändern sich gemäß Abschnitt 3.2 die effektiven Steifigkeiten von Nachgiebigkeiten außerhalb der Drehachse. Im folgenden wird eine Knickarmkinematik betrachtet, deren Achsanordung Bild 3.5 schematisch darstellt.

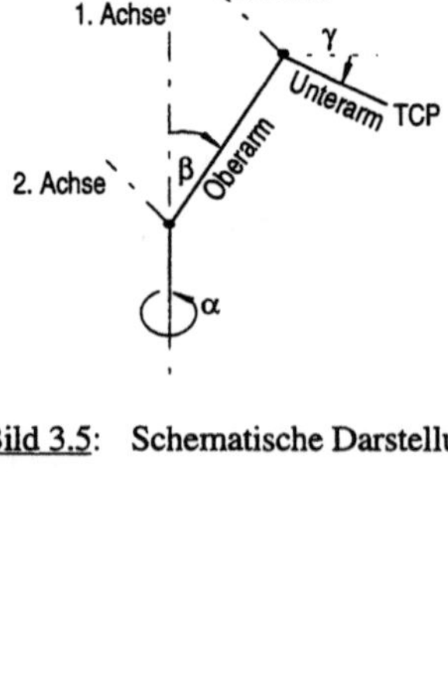

Bild 3.5: Schematische Darstellung der Grundachsen eines typischen Knickarmroboters

Der Winkel α gibt die Verdrehung um die senkrecht orientierte erste Achse, β den Schwenkwinkel der waagrecht liegenden zweiten Achse gegen die Senkrechte, γ den Schwenkwinkel der ebenfalls waagrecht und parallel zur zweiten Achse liegenden dritten Achse gegen die Waagrechte an. Besonders starke Schwankungen ergeben sich in der ersten Hauptachse in Abhängigkeit von der zweiten und dritten Achse. Bei senkrechtem Ober- und Unterarm treten nur die Eigenträgheitsmomente der Arme um ihre Längsachsen in Erscheinung, während bei waagrechtem Ober- und Unterarm ein maximales Trägheitsmoment vor allem durch die Anteile der Form mr^2 der Armmassen entsteht.

Wird die Abhängigkeit der üblicherweise kleinen Eigenträgheitsmomente der Arme um die Achse durch ihren Schwerpunkt vernachlässigt, besteht das Trägheitsmoment für die Grundachse aus einem konstanten Term, sowie einem stellungsabhängigen Steiner-Anteil J_{1St} gemäß

$$J_{1St} = \left(m_{2G} r_{2G}^2 + m_{2A} r_{2A}^2\right) \sin^2 \beta + m_3 \left(l_2 \sin \beta + r_3 \cos \gamma\right)^2 . \tag{3.15}$$

Der Roboter wird vereinfacht durch die Schwerpunkte des Ober- und Unterarms und des Gegengewichts in der zweiten Achse modelliert. Die Masse des Gegengewichts ist mit m_{2G}, sein Abstand von der zweiten Achse mit r_{2G} bezeichnet. Der Direktantrieb für die dritte Achse kann wegen seines Gewichts nicht an der Armspitze der zweiten Achse angebracht sein und bleibt daher unberücksichtigt. Die Größe r_3 gibt den Abstand der Handmasse m_3 vom Gelenk zwischen der zweiten und dritten Achse an.

Eine Nachführung der Streckenverstärkung in der Regelung, d.h. der resultierenden Gesamtträgheit, stellt zwar sicher, daß die Achse die vom Regler als Stellsignal ausgegebene Achsbeschleunigung erzeugt, trägt aber dem sich mit der Roboterstellung ändernden dynamischen Achsverhalten, d.h. den veränderten Eigenschwingungen, keine Rechnung. Die Regelung ist robust gegen Parameterschwankungen auszulegen.

3.5 Einfluß eines Untersetzungsgetriebes

Aus den Termen für die Eigenwerte der Übertragungsfunktionen ist der Einfluß der Getriebeuntersetzung ersichtlich. Bei gleichbleibenden mechanischen Parametern des Armaufbaus, das sind J_Z, J_A und c_2, führt die Untersetzung zu einer stärkeren Gewichtung der Motorträgheit, d.h. die Motorträgheit läßt sich anhand der Gleichung

$$J_M' = i_g^2 J_M \tag{3.16}$$

in die Trägheit eines äquivalenten Direktantriebssystems umrechnen. Mit wachsendem Untersetzungsverhältnis i_g dominiert immer mehr der Motor das Systemverhalten, und die konjugiert komplexen Streckenpole wandern zu den von der Untersetzung unbeeinflußten Nullstellen der Übertragungsfunktion F_l in Gl. (3.12). Bild 3.6 zeigt den Einfluß einer Getriebeuntersetzung auf die Eigenwerte von F_l bei konstanten mechanischen Parametern.

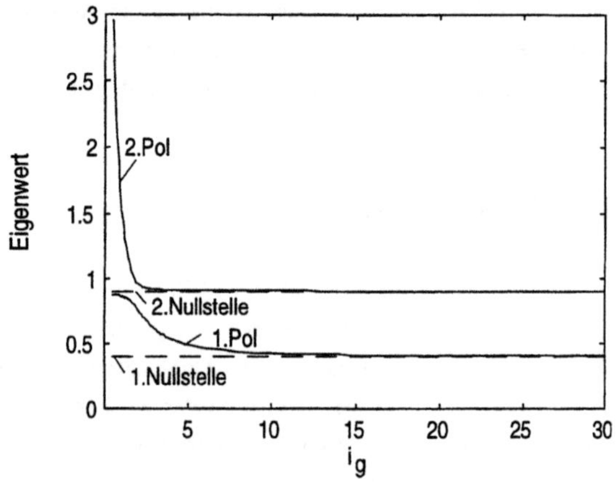

Bild 3.6: Lage der Streckeneigenwerte bei Variation der Getriebeuntersetzung für eine Strecke mit j_M=0,47, j_Z=4,7, c_n=0,644.

Schwankungen der Armträgheitsmomente wirken sich bei Motor-/ Getriebeantrieben wegen der Getriebeuntersetzung sehr viel schwächer aus als bei Direktantrieben. Im in Bild 3.6 gezeigten Beispiel liegen ab einer Untersetzung von etwa 15 die Pole und Nullstellen sehr dicht beieinander, d.h. die mechanischen Eigenwerte beeinflussen die Motorregelung praktisch nicht. Allerdings gelten die im Abschnitt 1.2.3 dargestellten, durch den Einsatz von Getrieben entstehenden Einschränkungen.

4 Regelung direktangetriebener Roboterachsen

Zunächst ist eine Auswahl des Regelungsverfahrens für elektrisch direkt angetriebene Roboterachsen zu treffen. In Betracht kommen kaskadierte P- bzw. PI-Regelungen zur Strom-, Drehzahl- und Lageregelung, sowie Regelungsverfahren höherer Ordnung, wie z.B. das Verfahren der Zustandsregelung. Die Verfahren höherer Ordnung erfordern sehr genaue Streckenmodelle und exakt bekannte Parameter, da sie eine große Empfindlichkeit gegen Modell- und Parameterfehler aufweisen /32/. Die Streckenmodelle sind wegen der hohen Systemordnung kaum handhabbar. Außerdem verändert sich das Verhalten der Roboterachsen sehr stark in Abhängigkeit von der Roboterstellung und von der Traglast, vgl. Kapitel 3. Ein zentrales Problem stellt weiterhin die Bereitstellung der Zustandsgrößen des Systems dar, welche alle in einer Zustandsregelung benötigt werden. Beobachter rekonstruieren nicht meßbare Systemgrößen, benötigen aber für ausreichend gute Ergebnisse möglichst genaue Parameterangaben. Die Inbetriebnahme von Zustandsregelungen gestaltet sich zudem schwierig. Einfachere Verfahren, wie z. B. eine Kaskadenregelung von Strom, Drehzahl und Lage, sind dagegen wesentlich unempfindlicher gegen Modell- und Parameterfehler und lassen sich einfach in Betrieb nehmen.

Aus vorgenannten Gründen wird daher ausschließlich eine kaskadierte Regelung untersucht. Die Stromregelung erfolgt üblicherweise mit sehr hoher Bandbreite, d.h. im Frequenzbereich bis etwa 2kHz kann sie als Proportionalglied betrachtet werden. Deshalb wird im folgenden die Stromregelung nicht besonders berücksichtigt. Heutzutage sind kaskadierte Verfahren zur Regelung von Strom, Drehzahl und Lage Stand der Technik. Aufgrund des Einsatzes von Direktantrieben und des damit verbundenen veränderten Systemverhaltens können die dafür geltenden Parametrierungsrichtlinien und Einsatzgrenzen allerdings nicht unverändert Anwendung finden. Die folgenden Ausführungen beziehen sich ausschließlich auf elektrische Antriebe in den Roboterachsen, da diese ein weitgehend lineares Verhaltens aufweisen. Dadurch tritt der Einfluß der Kinematik auf die Regelung der Direktantriebe in den Vordergrund der Betrachtungen. Falls nicht anders beschrieben, liegt den Untersuchungen das Dreimassenschwinger-Modell aus Kapitel 3 zugrunde. Die Ausführungen dieses Kapitels gelten für konstante mechanische Parameter, mit dem Ziel, optimale Regelungsparameter für gegebene Mechanikparameter herzuleiten.

4.1 Auswahl der Regelgrößen

Die Kaskadenregelung besteht aus einem P-Lage- und einem unterlagerten PI-Drehzahlregler. Die Stromregelung spielt im betrachteten Frequenzbereich keine Rolle und wird nicht berücksichtigt. Die in der Regelung zurückgeführten Größen sind eine Lage und eine Drehzahl. Grundsätzlich können hierfür die Größen jedes einzelnen Teilkörpers im Antriebsstrang benutzt werden. Auf jeden Fall soll die Drehzahlregelung allein stabil sein. Daher wird im folgenden untersucht, an welchem Teilkörper des Dreimassenschwinger-Modells die Drehzahl für eine stabile Regelung herangezogen werden kann. Bild 4.1 zeigt die Struktur des Drehzahlregelkreises. Es wird jeweils nur die Drehzahl genau eines Teilkörpers in der Drehzahlregelung verwendet. Die mechanischen Eigenfrequenzen des Modells rühren von Strukturschwingungen her und weisen daher sehr geringe Dämpfungen auf. Der worst-case ergibt sich, wenn die Dämpfungsfaktoren d_i in Bild 3.4 zu Null gesetzt werden.

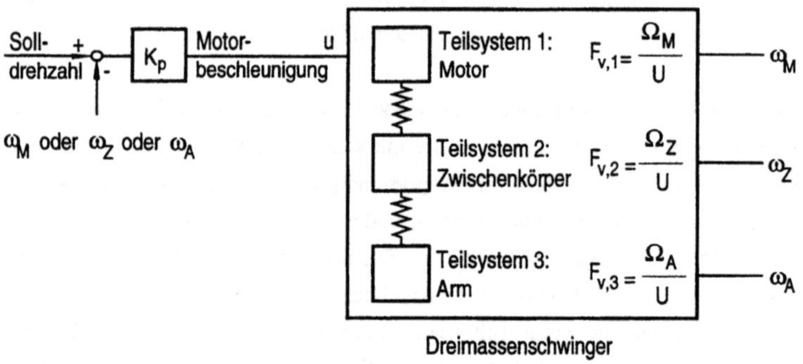

Bild 4.1: Regelungsstruktur zur P-Regelung der Drehzahl. Alternativ erfolgt die Regelung der Motor-, der Zwischenkörper- oder der Armdrehzahl.

$F_{v,i}$ gibt die Übertragungsfunktion des Dreimassenschwingers für die Drehzahlregelung, d.h. von der Motorbeschleunigung zur Drehzahl des betrachteten Teilkörpers i, an, vgl. Bild 4.1. Dann unterscheiden sich diese Übertragungsfunktionen einzig in ihrem Zähler, d.h. sie sind von der Form

$$F_{v,i} = \frac{B_{v,i}(s)}{A(s)}. \tag{4.1}$$

Der Nenner $A(s)$ dieser Übertragungsfunktion ist identisch zu dem der Funktion F_1 in Gl. (3.7). Die Übertragungsfunktionen $F_{v,i}$ ergeben sich aus den in Abschnitt 3.3 hergeleiteten Übertragungsfunktionen zur jeweiligen Teilkörperlage, indem diese mit s multipliziert werden. Damit gilt $B_{v,i} = s \cdot B_i$, wobei B_i für den Zähler der Übertragungsfunktion zur jeweiligen Teilkörperlage steht. Die Gleichungen (3.8), (3.10) und (3.11) geben die Koeffizienten dieser Zähler an. Eine Rückführung der Drehzahl und P-Regelung mit Faktor K_p führt zum charakteristischen Polynom p_i:

$$p_i = K_p \cdot B_{v,i}(s) + A(s) = a_6 s^5 + \left(a_5 + K_p b_{4,i}\right)s^4 + \left(a_4 + K_p b_{3,i}\right)s^3 + \ldots + \left(a_1 + K_p b_{0,i}\right). \quad (4.2)$$

Das charakteristische Polynom weist einen Grad von fünf auf. Die Regelung ist stabil, wenn alle Eigenwerte in der linken s-Halbebenen liegen. Die Eigenwerte der Drehzahlregelung können wegen des hohen Polynomgrads nicht geschlossen berechnet werden. Stattdessen erfolgt eine Stabilitätsbetrachtung mittels des Hurwitz-Kriteriums /36/. Für stabiles Systemverhalten müssen alle Unterdeterminanten der Hurwitz-Determinante H positiv sein. Die Hurwitz-Determinante lautet für p_i:

$$H = \begin{vmatrix} a_6 & a_4 + K_p b_{3,i} & a_2 + K_p b_{1,i} & 0 & 0 & 0 \\ 0 & a_5 + K_p b_{4,i} & a_3 + K_p b_{2,i} & a_1 + K_p b_{0,i} & 0 & 0 \\ 0 & a_6 & a_4 + K_p b_{3,i} & a_2 + K_p b_{1,i} & 0 & 0 \\ 0 & 0 & a_5 + K_p b_{4,i} & a_3 + K_p b_{2,i} & a_1 + K_p b_{0,i} & 0 \\ 0 & 0 & a_6 & a_4 + K_p b_{3,i} & a_2 + K_p b_{1,i} & 0 \\ 0 & 0 & 0 & a_5 + K_p b_{4,i} & a_3 + K_p b_{2,i} & a_1 + K_p b_{0,i} \end{vmatrix} \quad (4.3)$$

Bei Regelung der Motordrehzahl ergibt sich beispielsweise für die Unterdeterminante H_3 unter der Annahme ungedämpfter Mechanik, d.h. a_5, a_3 und a_1, sowie b_1 und b_3 verschwinden:

$$H_{3,1} = J_g K_p \frac{c_1 J_M J_Z^3 J_A^3}{i_g^2} > 0 \text{ für } K_p > 0, \quad (4.4)$$

während die Regelung der Zwischenkörper- oder Armdrehzahl zu

$$H_{3,i} = -a_6^2 b_{2,i} K_p \text{ mit } i \in \{2;3\} \quad (4.5)$$

führt, und damit bei positivem K_p zu $H_{3,2} < 0$ bzw. $H_{3,3} = 0$.

Desweiteren gilt:

$$H_{5,3} = -K_p^2 a_6^3 b_0^2 < 0 \text{ für } K_p > 0. \tag{4.6}$$

Aus Gl. (4.5) und (4.6) folgt, daß für positive Verstärkungen K_p die P-Regelung der Zwischenkörper- bzw. Armdrehzahl instabil wird, da diese das Hurwitz-Kriterium nicht erfüllen. Dagegen läßt sich zeigen, daß bei Regelung der Motordrehzahl alle Hurwitz-Unterdeterminanten positiv sind. Daraus folgt, daß eine stabile Drehzahlregelung nur dann entsteht, wenn die Drehzahl des Motors als Regelgröße benutzt wird. Dieser Zusammenhang gilt im Gegensatz zu der in /32/ beispielhaft dargestellten Wurzelortskurve unabhängig von den zugrundeliegenden mechanischen Streckenparametern. Umgekehrt führt eine Rückführung der Geschwindigkeit des Zwischenkörpers oder des Arms zur Entdämpfung mindestens eines Polpaares. Da von dem Grenzfall ungedämpfter Strecken-Eigenwerte ausgegangen wird, entsteht dadurch Instabilität.

Bei anderen Antriebssystemen, wie z. B. bei Druckwalzen, treten zwar ähnliche Verhältnisse wie an direkt angetriebenen Roboterachsen auf, allerdings bewirkt dort die Lagerung der Druckwalze eine gute Dämpfung gegen das Inertialsystem, so daß eine Dämpfungsverringerung bei Regelung der Lastzustandsgrößen akzeptabel ist. Die mechanische Eigenfrequenz liegt aufgrund der sehr hohen Steifigkeit des Antriebsstranges, sowie des im Vergleich zu Roboterachsen sehr großen Verhältnisses zwischen Last- und Motorträgheit, bei sehr hohen Werten. Daraus ergibt sich bereits ein sehr kleines Residuum dieser Eigenfrequenz. Außerdem kann eine gewisse Entdämpfung dieser sehr hohen Eigenfrequenz akzeptiert und eine höhere Lageregelungsbandbreite als bei Regelung der Motorgrößen erzielt werden /28/. Unterstützend wirkt eine begrenzte Stromregelungsbandbreite, welche den Einfluß der genannten hohen Eigenfrequenz zusätzlich verringert.

Die Drehzahlregelung eines Dreimassenschwingers zeigt, wie vorstehend hergeleitet, ausschließlich stabiles Verhalten, wenn die Motordrehzahl zur Regelung verwendet wird. Die Lageregelung kann ebenfalls die Lage jedes der drei Teilkörper zurückführen. Da jedoch zur Erfassung der Motordrehzahl üblicherweise ein Inkrementalgeber an der Motorwelle angebracht ist, und die Lage des Zwischenkörpers bzw. des Arms nicht mit wirtschaftlich vertretbarem Aufwand gemessen werden kann, wird im folgenden ausschließlich eine kaskadierte P-Lage-, P(I)-Drehzahlregelung der Motorgrößen gemäß Bild 4.2 untersucht.

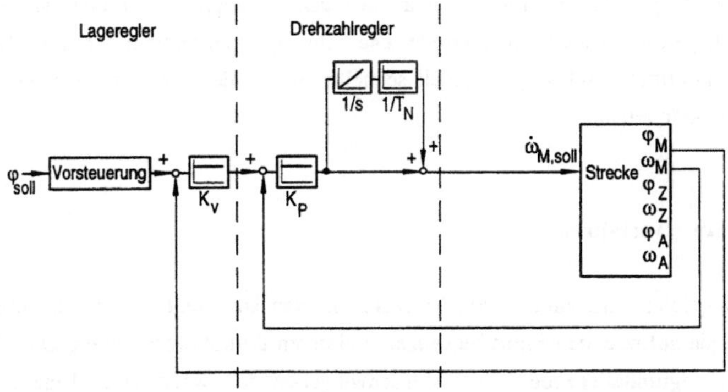

Bild 4.2: Regelungsverfahren für direkt angetriebene Roboterachsen

Die Mehrmassenschwinger-Charakteristik der Roboterachsen, vgl. Bild 3.1, kann durch Verfahren zur Modellreduktion in ein vereinfachtes Dreimassenschwinger-Modell überführt werden. Dieser Schritt ist in der Regel zulässig, weil das hier untersuchte kaskadierte Regelungsverfahren im Gegensatz z.B. zur Zustandsregelung eine geringere Empfindlichkeit gegen Modellfehler aufweist. Die prinzipiellen Eigenschaften der geregelten Achse ändern sich dadurch geringfügig, wie die für ein Beispiel in Bild 4.3 dargestellten Verläufe des Schleppabstands bei jeweils gleich eingestellter Regelung des Fünf- bzw. des äquivalenten Dreimassenschwingermodells belegen.

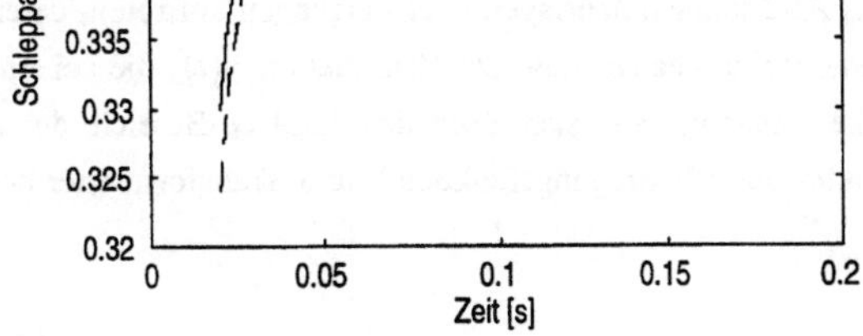

Bild 4.3: Simulierter Schleppabstand bei Regelung eines Fünfmassen- (--) und eines Dreimassenschwingermodells (—) für eine Sollgeschwindigkeit von 25°/s.

Die anfängliche Amplitude und die Frequenz der dem Schleppabstand überlagerten Schwingungen liegen in etwa derselben Größe. Die Schwingungen klingen allerdings bei dem exakteren Fünfmassenschwinger-Modell schneller als bei dem vereinfachten Dreimassenschwinger-Modell ab.

4.2 Auslegungsverfahren

Die Kaskadenregelung wird anhand von Wurzelortskurven ausgelegt, die einen guten Überblick über die auftretenden Eigenfrequenzen und deren Dämpfungen geben. Das als Streckenmodell zugrundeliegende Dreimassenschwinger-Modell weist zwei Eigenfrequenzen auf. Die dritte entsteht durch Schließen der Regelung. Es entstehen sechs Pole der Übertragungsfunktion für die geregelte Strecke, deren Ort in der komplexen Ebene sich mit den Regelungsparametern verändert. Ziel der Auslegung ist entweder ein reeller Doppelpol für die kleinste Zeitkonstante, oder es dürfen gemäß /37/ konjugiert komplexe Polpaare nur links des betragsmäßig kleinsten reellen Pols liegen, s. Kriterium AK1 in Tabelle 4.1. Wenn die Eigenwerte der geregelten Srecke diese Konfiguration einhalten, entsteht in erster Näherung überschwingfreies Verhalten für rampenförmige Sollwerte. Eine schwächere Forderung ist, daß sich die Regelung überschwingfrei nur bzgl. des niederfrequenten, konjugiert komplexen Polpaares verhalten muß, während ein höherfrequentes Polpaar beliebig in der linken Halbebenen liegen darf, s. Kriterium AK2 in Tabelle 4.1. Dieses Polpaar führt zu gering gedämpften Eigenfrequenzen und damit zu überlagerten Schwingungen in der Lage, wenn es einen betragsmäßig kleinen Realteil aufweist. Die Schwingamplitude wird anhand der Residuen der Eigenfrequenzen, sowie einem von der relativen Dämpfung abhängigen Korrekturfaktor, abgeschätzt. Die Schwingungen führen zu zusätzlichen Bahnfehlern am TCP des Roboters. Tabelle 4.1 faßt die vorstehend beschriebenen Auslegungskriterien zusammen.

Bei Anwendung des Kriteriums AK2 können überlagerte Schwingungen auftreten, deren Amplitude sich anhand von Residuen abschätzen läßt. Die Zeitfunktion $y(t)$, die bei Anregung der geregelten Strecke entsteht, läßt sich über den Laplace-Bereich durch Rücktransformation des Produktes aus Übertragungsfunktion F und Transformierter der Sollwerte W berechnen:

$$\mathcal{L}\{y(t)\} = W \cdot F \tag{4.7}$$

Kriterium	Skizze der Eigenwerte	Eigenschaften
AK1	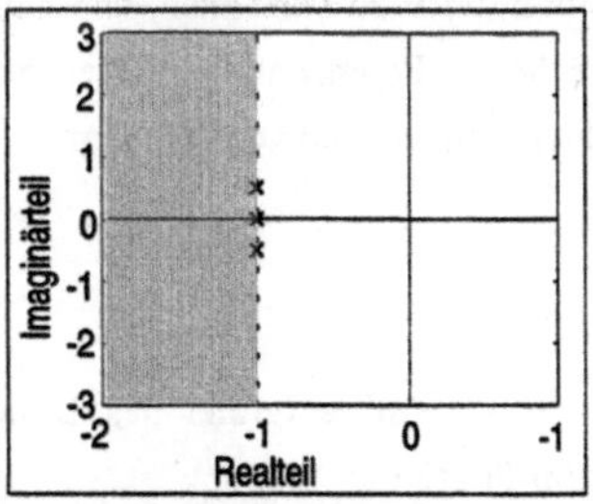	- Keine konjugiert komplexen Polpaare rechts vom betragsmäßig kleinsten reellen Pol - Überschwingfrei für Rampen
AK2	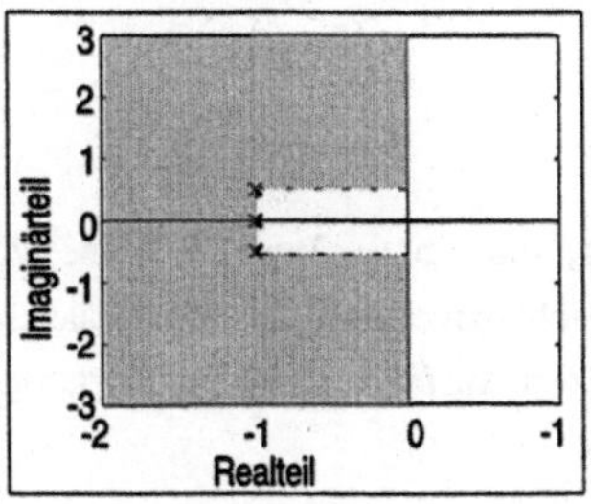	- Kleinste Eigenfrequenz und reeller Pol weisen denselben Realteil auf. Weitere Polpaare höherer Frequenz dürfen betragsmäßig kleineren Realteil haben. - Überschwingfrei bezüglich erster Eigenfrequenz

Tabelle 4.1: Zielbereiche der Eigenwerte für die Regelungsauslegung mittels Wurzelortskurven. Schraffiert dargestellt sind die Bereiche, in denen weitere Polstellen der geregelten Strecke liegen dürfen.

Die Rücktransformation kann durch Anwendung der Partialbruchzerlegung und des Residuensatzes erfolgen /38/. Von praktischer Bedeutung sind geschwindigkeits-, beschleunigungs- und ruckbegrenzte Sollwertrampen sowie trigonometrische Verläufe. Unter Vernachlässigung letzterer ergibt sich die Transformierte W des Eingangssignals zu

$$W = \frac{1}{s^n} \quad \text{mit } n \in \{2;3;4\} \tag{4.8}$$

Die Residuen R_i der Funktion $W \cdot F$ stellen ein Maß für die Schwingamplitude der jeweiligen Eigenfrequenz dar. Allerdings darf kein reeller Pol in der Nähe, d. h. mit ähnlichem Realteil wie der des betrachteten konjugiert komplexen Polpaars, liegen, weil sich in der Zeitfunktion die Anteile der genannten Pole überlagern, vgl. /37/. Sollte diese Randbedingung unberücksichtigt bleiben, ergeben die folgenden Berechnungen eine Abschätzung der überlagerten Schwingamplitude nach oben. Durch die Anregung gemäß Gl.

(4.8) kommen zu der Übertragungsfunktion F mehrfache Pole in s=0 dazu. Daher genügt es, die Residuen R_{Fi} der Übertragungsfunktion F zu berechnen, und abhängig vom Sollwertverlauf diese jeweils durch entsprechende Potenzen ihrer Eigenfrequenzen zu dividieren. Die Zeitfunktionen der Eigenschwingungen sind von der Form:

$$y_i = R_i e^{at} \sin(\omega_i t - \varphi_{0,i}) \tag{4.9}$$

Bei gedämpften Schwingungen, d.h. $a < 0$, wird aufgrund des Dämpfungsterms die Amplitude R_i der Sinusschwingung nur für Phasen

$$\varphi_{0,i} = (2n+1)\frac{\pi}{2}$$

erreicht. Bei reiner Sinusschwingung, d.h. $\varphi_{0,i} = 2\pi n$, tritt eine von der relativen Dämpfung und vom Sollwertverlauf abhängige geringere maximale Schwingamplitude auf. Dieser Effekt wird durch einen Korrekturfaktor berücksichtigt, welcher bei kleinen Dämpfungen dicht bei eins liegt, Bild 4.4.

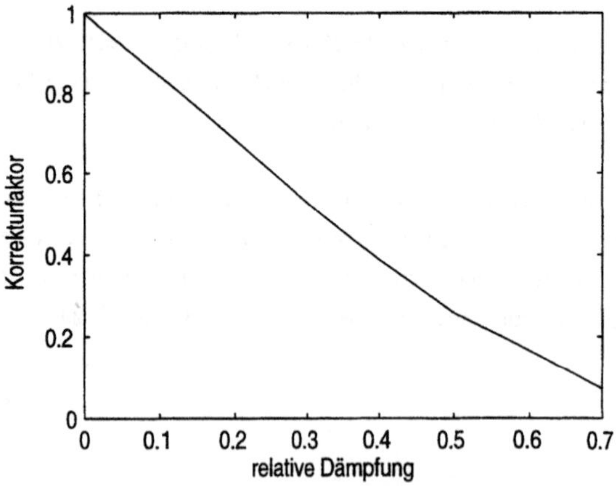

Bild 4.4: Korrekturfaktor in Abhängigkeit von der relativen Dämpfung. Der gezeigte Verlauf gilt für rampenförmige Sollwertverläufe und Phase $\varphi_{0,i} = 2\pi n$ der Eigenschwingung.

4.3 Regelungsauslegung

Die Auslegung der Kaskadenregelung erfolgt anhand von Wurzelortskurven unter Berücksichtigung der in Talle 4.1 zusammengefaßten Kriterien. Daraus ergeben sich die Regelungsparameter, und insbesondere die erzielbare Geschwindigkeitsverstärkung, in Abhängigkeit der mechanischen Parameter. Die folgenden Ausführungen gelten unter der idealisierten Annahme zeitkontinuierlicher, verzögerungsfreier P-Regelung der Motorlage und -drehzahl und legen damit die theoretisch erreichbare Obergrenze der Regelungsbandbreite fest. Diese Grenze hängt ausschließlich von den mechanischen Gegebenheiten des zugrundeliegenden Dreimassenschwinger-Modells ab. Grundsätzlich treten zwei verschiedene Typen von Regelstrecken auf:

- mit vernachlässigbaren Rückwirkungen der Mechanik auf den Motor, und
- mit starkem Einfluß der Rückwirkungen.

Im erstgenannten Fall dominiert der Motor das Systemverhalten, im zweiten Fall die Mechanik.

4.3.1 Dominanter Motor

Bei kleinen Zwischenkörper- und Armträgheitsmomenten dominiert der Motor das Systemverhalten, weil nur geringe Rückwirkungen der Mechanik auftreten, d. h. die auf die Motorwelle reduzierten Fremdträgheitsmomente weisen im Vergleich zur Eigenträgheit des Motors geringe Werte auf. Diese Verhältnisse entstehen auch bei getriebebehafteten Antrieben durch große Untersetzungen, d.h. $i_g >> 1$. Die Pole und Nullstellen kompensieren sich gemäß Gl. (3.13) und (3.14). Die Regelung der Motorgrößen kann im kontinuierlichen Fall mit beliebiger Bandbreite, bei zeitdiskreter Betrachtung gemäß der in /39/ dargestellten Grenzen erfolgen. Allerdings bilden die Nachgiebigkeiten und Trägheitsmomente der Mechanik ein schwach gedämpftes schwingfähiges System, das vom Motor angeregt wird. Überschwingfreies Positionieren für rampenförmige Sollwerte tritt nur in der Motorlage auf, weil entsprechende Nullstellen die Pole der Eigenfrequenzen von Last und Arm kompensieren. Dagegen erscheinen Schwingungen in der Armlage, weil in der Übertragungsfunktion vom Motormoment zum Arm nur noch die schwach gedämpften Pole auftreten. Grundsätzlich kann deshalb überschwingfreies Verhalten der Armlage nur für sehr geringe Regelungsverstärkungen erzielt werden. Umgekehrt müssen im Interesse tolerierbarer Amplitude der überlagerten Schwingungen die vom Motor herrührenden Eigenwerte der geregelten Strecke bei deutlich geringeren Frequenzen als jene der Mechanik liegen. Bild 4.5 zeigt ein Beispiel für die Wurzelortskurve der Eigenwerte in Lageregelung. Die Nullstellen sind durch Kreise, die Pole in Abhängigkeit von der Geschwindigkeitsverstärkung durch Kreuze markiert. Mit ansteigender Regelungsverstärkung gehen zwei reelle Pole in ein konjugiert komplexes Polpaar über. Im Interesse minimaler Schwingamplitude durch die Motor-Eigenwerte muß die Regelung so parametriert werden, daß sich ein reeller Doppelpol ergibt.

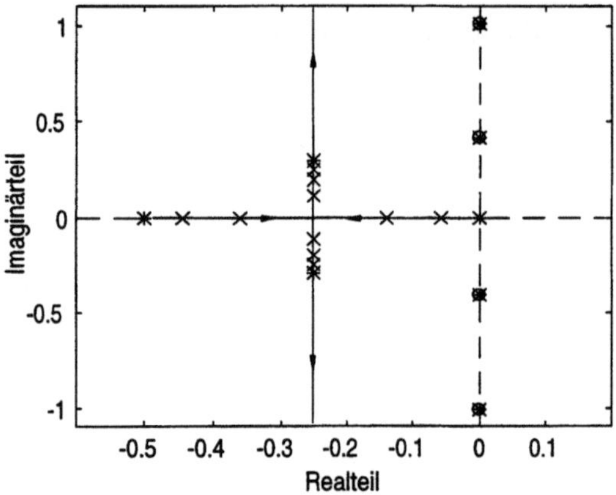

Bild 4.5: Wurzelortskurve der Lageregelung bei dominantem Motor für eine Strecke mit j_M=0,47, j_Z=4,7, c_n=0,8, i_g=100 und k_p=0,5. Die Markierungen auf der Wurzelortskurve sind für k_v-Werte von 0 bis 0,3 mit einer Schrittweite von 0,05 eingezeichnet.

Die Parameter der Mechanik führen gemäß Gl. (3.13) zu zwei Eigenfrequenzen ω_1 und ω_2. Die wegen der geringen Rückwirkungen dicht an den Mechanikpolen liegenden Nullstellen der Regelung verhindern, daß sich die Mechanikpole bei Veränderung der Regelungsparameter verschieben. Stattdessen kann das von der Motorregelung herrührende Polpaar durch entsprechende Wahl der Drehzahl- und Lageverstärkung K_p bzw. K_v beliebig in der negativ rellen s-Halbebenen plaziert werden.

Im folgenden werden der besseren Übersicht wegen in den Berechnungen die genannten Eigenfrequenzen statt der Mechanikparameter verwendet. Die Pole der Motorregelung sollen einen reellen Doppelpol ergeben. Damit vereinfacht sich die Regelungsauslegung auf die Berechnung der Lage des reellen Doppelpols, bei welcher überlagerte Schwingungen in der Armlage eine vorgegebene Amplitude nicht überschreiten. In der Übertragungsfunktion zur Armlage entfallen die beiden konjugiert komplexen Nullstellenpaare.

Dagegen treten die beiden schwach gedämpften Polpaare in Erscheinung. Über die Residuen dieser Polpaare läßt sich die Amplitude der durch sie bewirkten überlagerten Schwingungen berechnen und dieser Term nach dem reellen Doppelpol s_0 auflösen. Für rampenförmige Sollwerte, sowie auf die Rampensteigung normierte maximal zulässige Amplitude überlagerter Schwingungen A, ergibt sich

$$s_0 = -\sqrt{\frac{\omega_1^5 + \omega_2^5 - K(\omega_1^2 + \omega_2^2) - \sqrt{\left[K(\omega_1^2 - \omega_2^2) - \omega_1^5 - \omega_2^5\right]^2 + 4K\omega_2^5(\omega_1^2 - \omega_2^2)}}{2(K - \omega_1^3 - \omega_2^3)}} \tag{4.10}$$

wobei $K = A\omega_1\omega_2(\omega_2^2 - \omega_1^2)$ ist. Gleichung (4.10) gilt für $\omega_2 > \omega_1$. Aus der nach Gl. (4.10) berechneten Lage des Doppelpols ergeben sich die Regelungsparameter der Kaskadenregelung. Der Betrag von s_0 stellt ein Maß für die erreichte Regelungsbandbreite dar.

Die sich ergebende Regeldynamik ist für kleine Werte der zulässigen Schwingamplitude A sehr gering, insbesondere, wenn die Eigenfrequenzen geringe Werte aufweisen. Als Beispiel erfordern ungedämpfte Eigenfrequenzen von 10Hz und 50Hz und eine zulässige Schwingamplitude von $5 \cdot 10^{-5}\,\mathrm{rad}$, entsprechend einer Lageamplitude am Ende eines 2m langen Arms von 0,1mm, einen reellen Doppelpol bei -3.5. Damit entsteht eine Geschwindigkeitsverstärkung von nur $1{,}7\,s^{-1}$. Eine Verzehnfachung der Eigenfrequenzen bewirkt für sonst gleiche Bedingungen eine Erhöhung der Geschwindigkeitsverstärkung auf ca. $55\,s^{-1}$. Gleichung (4.10) läßt sich unter Verwendung der Abkürzungen

$$\alpha = \frac{\omega_2}{\omega_1},\; k = a\alpha(\alpha^2 - 1),\; a = A\omega_1 \tag{4.11}$$

schreiben als:

$$\frac{s_0}{\omega_1} = -\sqrt{\frac{1 + \alpha^5 - k(1 + \alpha^2) - \sqrt{\left[k(1 - \alpha^2) - 1 - \alpha^5\right]^2 + 4k\alpha^5(1 - \alpha^2)}}{2(k - 1 - \alpha^3)}} \tag{4.12}$$

Damit ergibt sich die in Bild 4.6 gezeigte normierte Geschwindigkeitsverstärkung

$$k_v = \frac{K_v}{\omega_1}$$

in Abhängigkeit der normierten Koordinaten a und α.

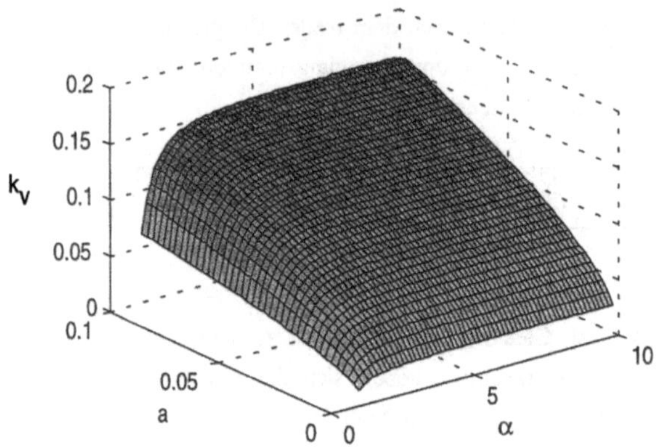

Bild 4.6: Normierte Geschwindigkeitsverstärkung k_v in Abhängigkeit des Eigenfrequenzverhältnisses α und der zulässigen Amplitude a der in der Armposition überlagerten Schwingungen

Ab einem Verhältnis der Eigenfrequenzen von zwei bis etwa fünf bewirkt eine Erhöhung des Verhältnisses nur noch eine geringe Verbesserung in der realisierbaren Geschwindigkeitsverstärkung. Mit ansteigender zulässiger Schwingamplitude nimmt die erreichbare Lageregelungsbandbreite zu. Können die Eigenfrequenzen um einen Faktor erhöht werden, nimmt die entnormierte Geschwindigkeitsverstärkung proportional zu, die entnormierte Schwingamplitude umgekehrt proportional ab.

Bei gedämpftem mechanischem System liegen die Eigenwerte der Mechanik links von der imaginären Achse. Damit ist prinzipiell eine Parametrierung möglich, welche ein überschwingfreies Verhalten in der Armlage bewirkt. Die Eigenwerte des geregelten Motors müssen eine Dämpfung von eins aufweisen, um niederfrequente Schwingvorgänge zu vermeiden. Damit weist die Übertragungsfunktion zur Armlage einen reellen Doppelpol, sowie zwei konjugiert komplexe Polpaare mit nicht verschwindendem Realteil auf. In /37/ ist hergeleitet, wo bei Vorhandensein eines einzelnen reellen Pols weitere, konjugiert komplexe Pole liegen dürfen, wenn überschwingfreies Verhalten für rampenförmige Sollwerte gefordert ist, vgl. Kriterium AK1. Hier tritt stattdessen ein reller Doppelpol auf. Es läßt sich zeigen, daß auch in diesem Fall der Realteil des reellen Doppelpols und der konjugiert komplexen Polpaare etwa gleich groß sein müssen. Falls überlagerte Schwingungen zulässig sind, erfolgt die Dimensionierung näherungsweise gemäß Gleichung (4.10) bzw. (4.12), wobei dann die Dämpfungen der mechanischen Eigenfrequenzen unberücksichtigt bleiben.

Zusammenfassung der Erkenntnisse:

Bei dominantem Motor, d.h. bei geringen mechanischen Rückwirkungen auf den Motor, beeinflußt die Kaskadenregelung der Motordrehzahl und -lage praktisch nur die Eigenwerte des Motors. Damit läßt sich theoretisch eine unbegrenzt hohe Regelungsbandbreite erreichen. Allerdings verursachen schwach gedämpfte mechanische Eigenfrequenzen zwischen Antrieb und Armspitze Schwingungen, welche sich an der Armspitze der gewünschten Bewegung überlagern. Diese Schwingungen sind in der am Motor gemessenen Lage nicht oder nur abgeschwächt sichtbar. Sollen diese Schwingungen eine vorgegebene Amplitude nicht überschreiten, ergibt sich daraus eine Begrenzung der erreichbaren Geschwindigkeitsverstärkung. Treten zwei mechanische Eigenfrequenzen auf, so beeinflußt nur die tiefere Eigenfrequenz die erreichbare entnormierte Geschwindigkeitsverstärkung maßgeblich, wenn die zweite mindestens um einen Faktor von zwei bis fünf über der ersten Eigenfrequenz liegt. Die Geschwindigkeitsverstärkung nimmt sehr stark ab, wenn eine geringere Schwingamplitude erreicht werden muß.

4.3.2 Dominante Mechanik

Die Mechanik beeinflußt das Systemverhalten signifikant, wenn ihre Rückwirkung auf den Antrieb nicht vernachlässigt werden kann. Dieser Fall tritt ein, wenn die an der Motorwelle wirkenden Trägheitsmomente von Zwischenkörper und Arm jene des Motors übersteigen und stellt den an den Grundachsen direkt angetriebener Knickarmroboter zu erwartenden Normalfall dar. Die Rückwirkungen führen dazu, daß sich bei einer Variation der Regelungsparameter mit den Eigenwerten der Motorregelung auch die Pollagen der mechanischen Systeme verändern, Bild 4.7. Daher kann im Gegensatz zum Fall des dominanten Motors die Motordynamik nicht unabhängig von den mechanischen Eigenfrequenzen eingestellt werden. Die Übertragungsfunktion eines Dreimassenschwingers von der Motorbeschleunigung zur Motorlage weist zwei konjugiert komplexe Nullstellen auf, vgl. Gl. (3.14). Das Verhalten des geregelten Systems hängt von der Lage dieser Nullstellen, sowie der beiden konjugiert komplexen Polpaare der Strecke, ab. Grundsätzlich bilden die Nullstellen Endpunkte der Wurzelortskurven, d.h. bei genügend großen Regelungsverstärkungen werden Pole in der Nähe der Nullstellen liegen. Insgesamt weist das zu regelnde Antriebssystem in der Übertragung zur Motordrehzahl bzw. -lage neben den genannten Pol- und Nullstellen einen bzw. zwei Pole in $s = 0$ auf, vgl. Bild 4.7. Im Bild ist ein Beispiel für die Wurzelortskurve der Drehzahlregelung dargestellt.

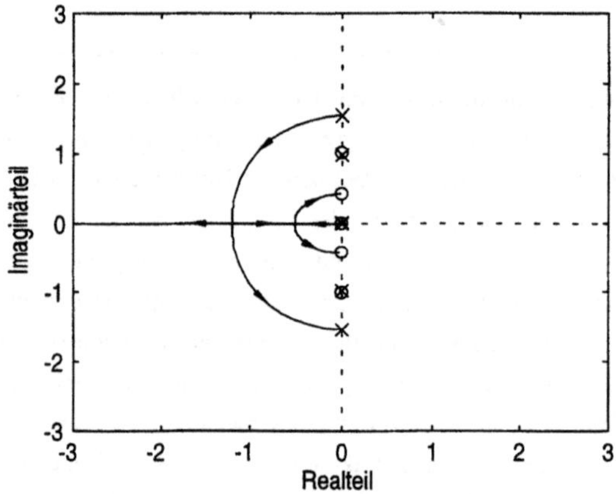

Bild 4.7: Wurzelortskurve für den Drehzahlregelkreis bei dominanter Mechanik für j_M=0,47, j_Z=4,7, c_n=0,8 unter Variation der Verstärkung k_p.

Die Nullstellen ergeben sich aus Gl. (3.14), die Pole gemäß Gl. (3.13). Vorgenannte Gleichungen sind von der Form:

$$\begin{aligned} \omega_{N,1/2} &= k\sqrt{A \mp \sqrt{B}}, \\ \omega_{1/2} &= k\sqrt{A + C \mp \sqrt{B + C^2 + D}}, \end{aligned} \tag{4.13a}$$

mit den Abkürzungen

$$k = \frac{1}{\sqrt{2J_A J_Z}},$$
$$A = c_1 J_A + c_2 (J_A + J_Z),$$
$$B = c_2^2 (J_A + J_Z)^2 + 2c_1 c_2 J_A (J_A - J_Z) + c_1^2 J_A^2, \tag{4.13b}$$
$$C = \frac{c_1 J_A J_Z}{i_g^2 J_M},$$
$$D = 2\frac{J_A^2 J_Z (c_1^2 - c_1 c_2) - J_A J_Z^2 c_1 c_2}{i_g^2 J_M}$$

Es gilt $A \geq 0$, $B \geq 0$, und $C \geq 0$. Die Werte für A, B, C und D hängen jeweils von den physikalischen Streckenparametern ab und lassen sich nicht unabhängig voneinander variieren. Die Eigenwerte erfüllen die Ungleichung

$$\omega_2 \geq \omega_{N,2} \geq \omega_1 \geq \omega_{N,1}, \tag{4.14}$$

vgl. /5, 40/. Die Gleichung (4.13) gibt die Abbildung der physikalischen Parameter auf die Pol- und Nullstellen der Regelstrecke an. Die Lage der Pole und Nullstellen zueinander legt das Regelverhalten der geregelten Strecke eindeutig fest. Für die weitere Untersuchung werden daher zwecks besserer Übersichtlichkeit die Streckeneigenwerte anstatt der physikalischen Parameter variiert. Eine Normierung der Pol- und Nullstellen, sowie der Verstärkungen der Lage- und Drehzahlregelung, auf die Kreisfrequenz $\omega_{N,1}$ der ersten Nullstelle führt zu einer um eins verringerten Anzahl der freien Parameter. Es ergeben sich die normierten Größen

$$\Omega_N = \frac{\omega_{N,2}}{\omega_{N,1}}, \quad \Omega_1 = \frac{\omega_1}{\omega_{N,1}}, \quad \Omega_2 = \frac{\omega_2}{\omega_{N,1}}, \quad k_v = \frac{K_v}{\omega_{N,1}}, \quad k_P = \frac{K_P}{\omega_{N,1}}, \tag{4.15}$$

für welche die Regelung zu untersuchen ist. Dabei sind verschiedene Fälle bezüglich der Anordnung der Eigenwerte zu betrachten.

Bei geringem Abstand der Pol- von den Nullstellen, d.h. $\Omega_1 \approx 1$ und $\Omega_2 \approx \Omega_N$, dominiert der Motor das Systemverhalten, d.h. näherungsweise gelten die Zusammenhänge aus Abschnitt 4.3.1. Liegt nur eines der beiden Polpaare in der Nähe eines Nullstellenpaars, d.h. $\Omega_1 \approx 1$ oder $\Omega_1 \approx \Omega_N$ oder $\Omega_2 \approx \Omega_N$, so verändert dieses Polpaar seine Lage unter

Variation der Regelungsparameter in der Regel kaum, wie z.B. in Bild 4.7 die bei $\pm j$ liegenden Pole. Bei einem Dreimassenschwinger-System entfallen die Nullstellen in der Übertragungsfunktion zur Armspitze. Die durch die Nullstellen der Motorregelung quasi festgehaltenen Pole weisen nur eine kleine relative Dämpfung auf. Somit ergeben sich überlagerte Schwingungen in der Armposition. Die Regelungsdimensionierung kann analog zu dem Verfahren in Abschnitt 4.3.1 anhand der Bedingung erfolgen, daß die Amplitude der überlagerten Schwingungen eine von der Anwendung abhängige Grenze nicht überschreiten darf. Für überschwingfreies Verhalten bzgl. aller Eigenfrequenzen kann nur ein betragsmäßig sehr kleiner reeller Pol, und damit eine sehr geringe Geschwindigkeitsverstärkung, zugelassen werden. Daher verbietet sich diese Auslegung in den meisten Fällen.

Vorstehende Sonderfälle sollen im folgenden ausgeschlossen sein. Zunächst wird der Einfluß der zweiten Eigenfrequenz auf die Regelung untersucht. Bild 4.8 zeigt die für überschwingfreies Verhalten maximal realisierbare Geschwindigkeitsverstärkung in Abhängigkeit von der zweiten Polfrequenz an einem Beispiel auf. Der Verlauf der Kurve hängt, unabhängig von Ω_1, zu großen Werten von Ω_2 hin praktisch nicht von Ω_2 ab. Damit beeinflußt Ω_2 die Regelung nicht, wenn der Abstand von der zweiten Nullstelle ausreichend groß ist. Im Fall $\Omega_1 = 1{,}1$ führt der geringe Abstand des ersten Pols von der ersten Nullstelle zu einer kleinen Geschwindigkeitsverstärkung.

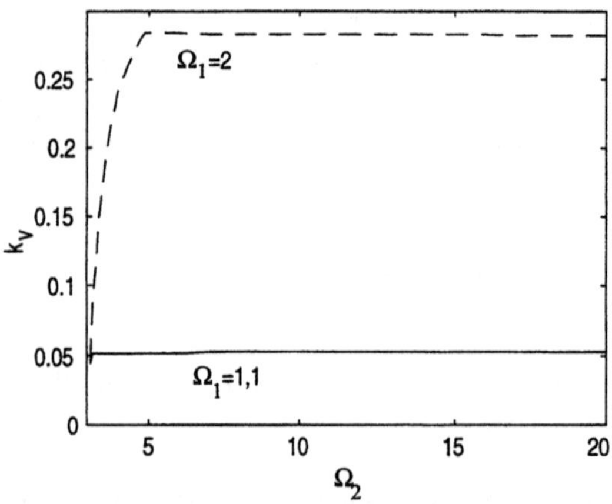

Bild 4.8: Normierte Geschwindigkeitsverstärkung in Abhängigkeit von Ω_2 für einen Nullstellenabstand $\Omega_N = 3$ und $\Omega_1 = 1{,}1$ (—) bzw. $\Omega_1 = 2$ (--).

Zu kleinerem Nullstellenverhältnis Ω_N hin, d.h.

$$\Omega_N < 2{,}5,$$

ergibt sich ein Maximum des Verlaufs $k_v(\Omega_2)$ für kleinere Werte der höheren normierten Eigenfrequenz Ω_2, Bild 4.9. Die Lage des Extremums hängt stark von der ersten Eigenfrequenz Ω_1 ab. Insbesondere bei schwankenden Eigenfrequenzen, wie sie an Knickarmrobotern durch Stellungsabhängigkeiten auftreten, ist daher bei einer Parametrierung gemäß dieses Optimums Vorsicht geboten.

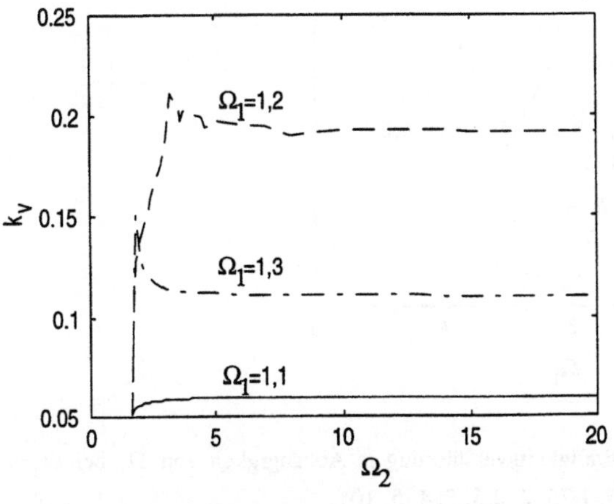

Bild 4.9: Normierte Geschwindigkeitsverstärkung in Abhängigkeit von Ω_2 für einen Nullstellenabstand $\Omega_N = 1{,}3$ und $\Omega_1 = 1{,}1$ (—), $\Omega_1 = 1{,}2$ (--), $\Omega_1 = 1{,}3$ (-·).

Zu großen Werten für Ω_2 hin ergibt sich eine waagrechte Asymptote im Verlauf $k_v(\Omega_2)$, d.h. die zweite Streckeneigenfrequenz beeinflußt in diesem Bereich die Regelung ebenfalls praktisch nicht und wird im folgenden daher nicht weiter berücksichtigt.

Wesentliche Auswirkung auf die erreichbare Regelungsbandbreite hat dagegen die erste normierte Eigenfrequenz Ω_1, Bild 4.10. Dem Bild liegt $\Omega_2 = 20$ und das Auslegungskriterium AK1 zugrunde. Mit wachsendem Abstand Ω_N der Nullstellen wird in einem immer größeren Bereich für Ω_1 ein hoher k_v-Wert erreicht. In diesen optimalen Bereichen der normierten Frequenzen gilt näherungsweise die Parametrierung:

$$k_P \approx 1, \quad k_v \approx 0{,}3 \tag{4.16}$$

Zu kleineren Werten von Ω_N hin nimmt die erreichbare Geschwindigkeitsverstärkung ab, vgl. Bild 4.10, d.h. es gilt unter Beachtung der vorgenannten, in Bild 4.10 nicht berücksichtigten, Extrema bei kleinem Ω_2 im Verlauf $k_v(\Omega_2)$:

$$k_P \geq 1, \quad k_v \leq 0{,}33\,. \tag{4.17}$$

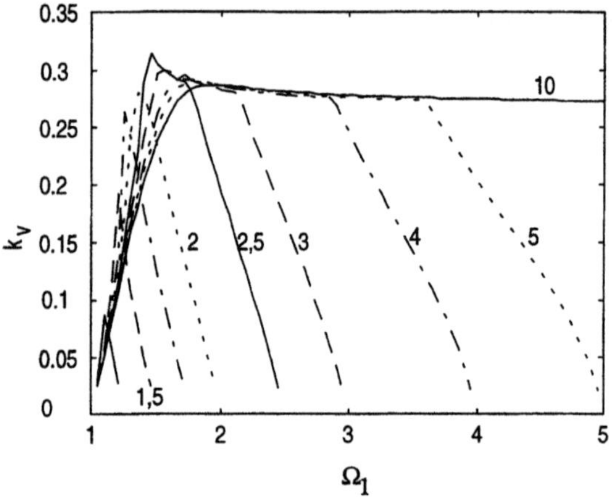

Bild 4.10: Normierte Geschwindigkeitsverstärkung in Abhängigkeit von Ω_1 bei Ω_2=20 für $\Omega_N \in \{1{,}25;\ 1{,}5;\ 1{,}75;\ 2;\ 2{,}5;\ 3;\ 4;\ 5;\ 10\}$.

Bei kleinem Nullstellenabstand Ω_N liegt die erste Polstelle Ω_1 immer in der Nähe einer der beiden Nullstellen. Daraus resultiert eine kleine Geschwindigkeitsverstärkung.

Wenn durch Schwankungen mechanischer Parameter die Pollage Ω_1 variiert, soll trotzdem die Geschwindigkeitsverstärkung unverändert hoch bleiben. Daher ist ein breiter Bereich im Graphen $k_v(\Omega_1)$ mit hohem k_v erwünscht. Dies führt unter Berücksichtigung der Tatsache, daß Ω_2=20 vorausgesetzt wurde, zu der Dimensionierungsrichtlinie

$$\Omega_N > 2{,}5 \tag{4.18}$$

Das gewählte Auslegungsziel beeinflußt die erreichbare Geschwindigkeitsverstärkung. Bei Anwendung des Kriteriums AK1 ergibt sich eine geringe Regelungsbandbreite, wenn in dem geregelten System komplexe Pole mit geringer Dämpfung auftreten, da diese einen kleinen Realteil aufweisen. Falls deren Eigenfrequenz hoch ist, nehmen ihre Residuen in der Regel sehr geringe Werte an, d.h. es entstehen durch diese Pole nur kleine überlagerte Schwingungen. Daher steigt die erreichbare Regelungsbandbreite an, wenn diese Pole aus vorgenannter Auslegungsregel ausgenommen werden. Die Geschwindigkeitsverstärkung steigt weiter an, wenn bei Vorhandensein von mehr als zwei konjugiert komplexen Polpaaren das Regelverhalten nur bezüglich der kleinsten Eigenfrequenz überschwingfrei sein muß. Durch weichere Sollwerte, d.h. beschleunigungs- und ruckbegrenzte Verläufe, ist eine zusätzliche Steigerung der Regelungsbandbreite möglich, vgl. Gleichung (4.8). Allerdings bleibt die Dämpfung der Eigenfrequenzen in der Mechanik bei dieser Maßnahme gering, so daß breitbandige Störanregungen zu unerwünscht starken Schwingungen führen können. Unter Anwendung des Kriteriums AK2 erweitert sich der Bereich der Streckeneigenwerte, für den die Parametrierung

$$k_v \approx 0{,}3 \quad k_p \approx 1..1{,}1 \tag{4.19}$$

gilt, Bild 4.11.

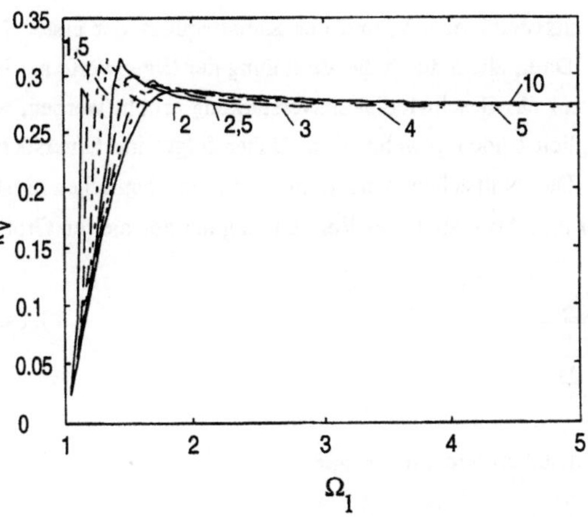

Bild 4.11: Normierte Geschwindigkeitsverstärkung für eine Auslegung nach Kriterium AK2 unter Variation von Ω_N.

Die mit wachsendem Ω_1 abfallenden Zweige des Graphen $k_v(\Omega_1)$ bei Anwendung des Kriteriums AK1, Bild 4.10, treten in Bild 4.11 nicht auf. Diese abfallenden Zweige in Bild 4.10 rühren daher, daß Ω_1 zu größeren Werten hin zunehmend in die Nähe der zweiten Nullstelle kommt und dieses Polpaar daher immer näher an der imaginären Achse liegt. Bei Anwendung des Kriteriums AK1 ist dadurch nur eine geringe Geschwindigkeitsverstärkung erreichbar, während das Kriterium AK2 diese Polstelle nicht berücksichtigt, solange ein niederfrequenteres Polpaar auftritt, dessen Betrag des Realteils den betragsmäßig kleinsten reellen Pol nicht unterschreitet.

Wie die vorstehende Herleitung ergibt, ist die normierte Geschwindigkeitsverstärkung auf $k_v \leq 0{,}33$ begrenzt. Die Lageregelung kann über diese Grenze hinaus parametriert werden, allerdings treten dann in jedem Fall in der Armlage überlagerte Schwingungen auf. Die Amplitude dieser Schwingungen läßt sich anhand der Residuen abschätzen. Falls dabei reelle Pole in der Umgebung der Realteile von Eigenfrequenzen auftreten, stellt diese Berechnung der resultierenden Amplitude allerdings nur eine grobe Abschätzung nach oben dar, weil dann die Auswirkung der konjugiert komplexen Polpaare auf das Zeitverhalten nicht unabhängig von dem reellen Pol bzw. den reellen Polen bestimmt werden kann.

Die tatsächlich einstellbare Geschwindigkeitsverstärkung K_v besteht aus dem Produkt aus der normierten Geschwindigkeitsverstärkung k_v und der Kreisfrequenz der ersten Nullstelle $\omega_{N,1}$, d.h. $K_v = k_v \omega_{N,1}$. Da k_v allein durch die Verteilung der Eigenwerte bestimmt und außerdem begrenzt ist, kann die Geschwindigkeitsverstärkung erhöht werden, wenn die Normierungsfrequenz möglichst hoch gewählt wird. Daher folgt eine Untersuchung dieser Normierungsfrequenz. Die Nullstellen hängen nur vom mechanischen System, bestehend aus Zwischenkörper und Arm, ab. Unter Verwendung der normierten Größen:

$$c_n = \frac{c_2}{c_1};\ j_Z = \frac{J_Z}{J_A};\ \omega_{N,i,n} = \frac{\omega_{N,i}}{\sqrt{\frac{c_1}{2J_Z}}} \tag{4.20}$$

ergeben sich die normierten Nullstellen-Kreisfrequenzen

$$\omega_{N,1/2,n} = \sqrt{1 + c_n(1 + j_Z) \mp \sqrt{(1 + j_Z)^2 c_n^2 + 2c_n(1 - j_Z) + 1}}\ . \tag{4.21}$$

Bild 4.12 zeigt den Verlauf der betragsmäßig kleineren Nullstellen-Kreisfrequenz. Diese hängt ab Steifigkeitsverhältnissen von $c_n \approx 2$ praktisch nur noch von dem Trägheitsmomentenverhältnis j_Z ab. Mit wachsendem Verhältnis j_Z nimmt die Kreisfrequenz $\omega_{N,1,n}$ immer geringer zu, so daß Werte im Bereich $j_Z \in [2;3]$ eine zweckmäßige Dimensionierung ergeben. Wichtig für eine günstige Regelungsauslegung ist außerdem ein großes Verhältnis Ω_N der Nullstellen. Bild 4.13 zeigt dieses Verhältnis in Abhängigkeit der Mechanikparameter.

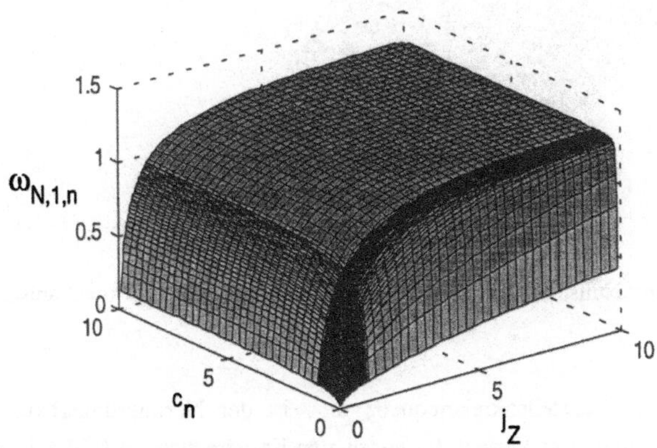

Bild 4.12: Normierungsfrequenz in Abhängigkeit der mechanischen Parameter für konstantes c_1 und J_Z.

Im vorgenannten Bereich der normierten Parameter gilt $\Omega_N \geq 3$, was bereits ausreicht. Ein ungünstiger minimaler Abstand Ω_N ergibt sich bei konstantem Trägheitsverhältnis j_Z für

$$c_n = \frac{1}{1+j_Z} \tag{4.22}$$

bzw. bei konstantem c_n für

$$j_Z = \frac{1+c_n}{c_n} \tag{4.23}$$

d.h. Parameterkonstellationen nach Gl. (4.22) und (4.23) sind zu vermeiden.

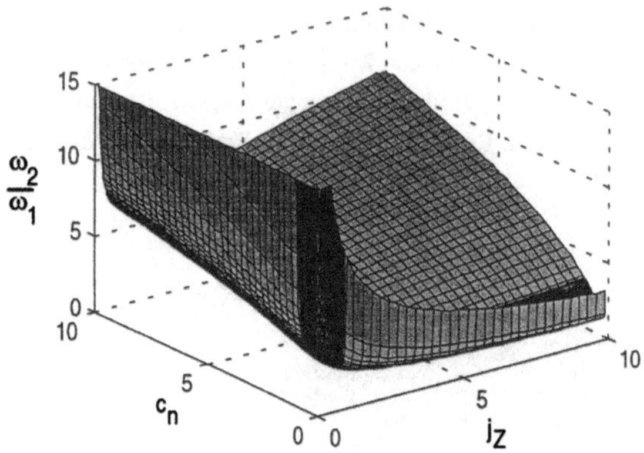

Bild 4.13: Verhältnis der Nullstellenkreisfrequenzen in Abhängigkeit der mechanischen Parameter.

Bei der Betrachtung der Nullstellenkreisfrequenz $\omega_{N,1}$ ist der Normierungsfaktor in Gleichung (4.20) zu beachten. Der Verlauf der normierten Kreisfrequenz in Bild 4.12 gilt wegen dieses Normierungsfaktors nur bei konstanter Steifigkeit c_1 und konstanter Trägheit J_Z. Unter dieser Bedingung lassen sich aus Bild 4.12 günstige Werte für die anderen beiden Parameter c_2 und J_A ermitteln. Je nach konstruktiver Randbedingung ist die Voraussetzung konstanter Werte für c_1 und J_Z nicht immer erfüllt. Daher muß die Nullstellenkreisfrequenz für die Fälle konstanter Werte für c_2 und J_Z, bzw. für c_1 und J_A, bzw. für c_2 und J_A, ebenfalls aufgetragen werden. Daraus ergeben sich die Verläufe gemäß Bild 4.14 bis 4.16. Die Normierungsgleichungen dafür lauten:

$$\omega_{N,i,n} = \frac{\omega_{N,i}}{\sqrt{\frac{c_2}{2J_Z}}}, \text{ bzw. } \omega_{N,i,n} = \frac{\omega_{N,i}}{\sqrt{\frac{c_1}{2J_A}}}, \text{ bzw. } \omega_{N,i,n} = \frac{\omega_{N,i}}{\sqrt{\frac{c_2}{2J_A}}}. \tag{4.24}$$

Im Verhältnis Ω_N der beiden Nullstellenfrequenzen kürzt sich der Normierungsfaktor, so daß für alle vier Normierungen Bild 4.13 für den Abstand Ω_N gilt.

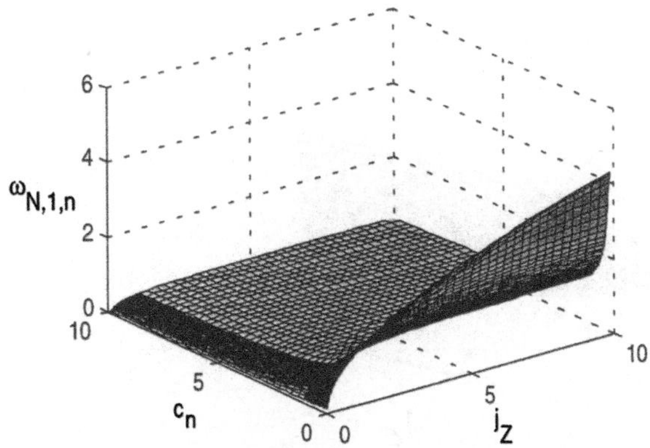

Bild 4.14: Normierungsfrequenz in Abhängigkeit der mechanischen Parameter für konstantes c_2 und J_Z.

Je nachdem, welche Mechanikparameter variiert werden können, erfolgt die Auswahl günstiger Werte anhand eines der Bilder 4.12 bzw. 4.14 bis 4.16.

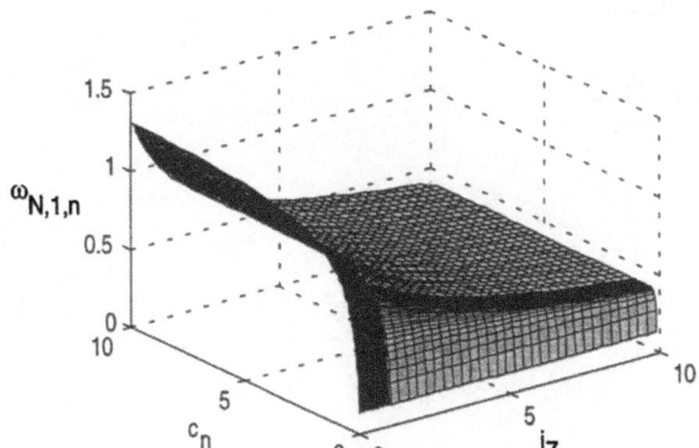

Bild 4.15: Normierungsfrequenz in Abhängigkeit der mechanischen Parameter für konstantes c_1 und J_A.

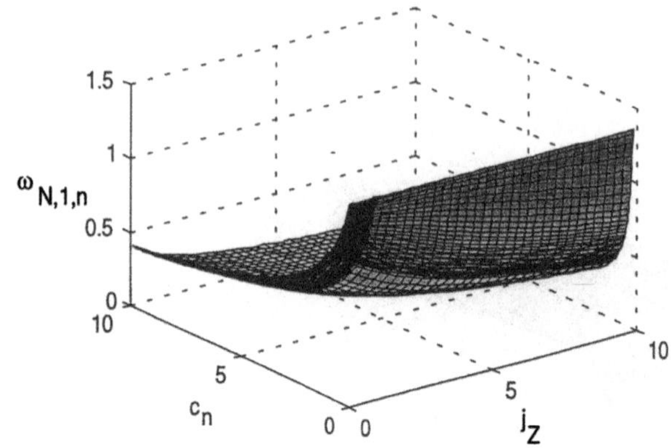

Bild 4.16: Normierungsfrequenz in Abhängigkeit der mechanischen Parameter für konstantes c_2 und J_A.

Die vorstehende Herleitung zeigt auf, wie die Nullstellenkreisfrequenz $\omega_{N,1}$ und der Abstand der Nullstellen Ω_N von den mechanischen Parametern abhängen. Das Trägheitsmoment des Motors beeinflußt diese Daten nicht. Allerdings bestimmt die normierte Motorträgheit j_M den Abstand der Eigenfrequenzen $\omega_{1/2}$ von den Nullstellen, welcher ausreichend groß sein soll, d.h.

$$\frac{\omega_1}{\omega_{N,1}} > 1, \ \frac{\omega_2}{\omega_{N,2}} > 1 \text{ und } \frac{\omega_1}{\omega_{N,2}} < 1.$$

Mit:

$$j_M = \frac{J_M}{J_A} \tag{4.25}$$

ergibt sich:

$$\frac{\omega_i}{\omega_{N,i}} = \sqrt{\frac{A + C \mp \sqrt{B + C^2 + D}}{A \mp \sqrt{B}}} \tag{4.26}$$

mit der normierten Darstellung der Abkürzungen:

$$A = 1 + c_n(1 + j_Z),$$
$$B = 1 + 2c_n(1 - j_Z) + c_n^2(1 + j_Z)^2,$$
$$C = \frac{j_Z}{i_g^2 j_M}, \tag{4.27}$$
$$D = 2\frac{j_Z(1 - c_n) - j_Z^2 c_n}{i_g^2 j_M}$$

Der Abstand der ersten Polfrequenz von der unteren und oberen Nullstellenkreisfrequenz in Abhängigkeit von der normierten Motorträgheit j_M ist, von der Skalierung abgesehen, identisch, wenn gleichzeitig die normierte Steifigkeit und die normierte Zwischenkörperträgheit konstant bleiben. Bild 4.17 zeigt die Verhältnisse für $j_Z = 2{,}5$, $i_g = 1$ und $c_n = 2$.

Gleichzeitig ist ein großer Abstand der zweiten Eigenfrequenz von der zweiten Nullstelle zweckmäßig. Bei hohen Frequenzen dieser Nullstelle und zulässigen überlagerten Schwingungen ist dies aber nicht zwingend notwendig, da deren Amplitude mit wachsender Frequenz sehr stark abnimmt. Eine mechanische Untersetzung um einen Faktor i_g bewirkt dasselbe wie eine Vergrößerung der Motorträgheit, da in Gl. (3.13) grundsätzlich das Produkt $j_M i_g^2$ eingeht und sich damit die Skalierung der j_M-Achse mit dem Untersetzungsverhältnis verändert. Damit lassen sich ggf. erforderliche hohe Werte für j_M durch den Einbau einer Untersetzung erreichen. Allerdings entsteht durch das Einfügen eines Getriebes eine zusätzliche Nachgiebigkeit im Antriebsstrang.

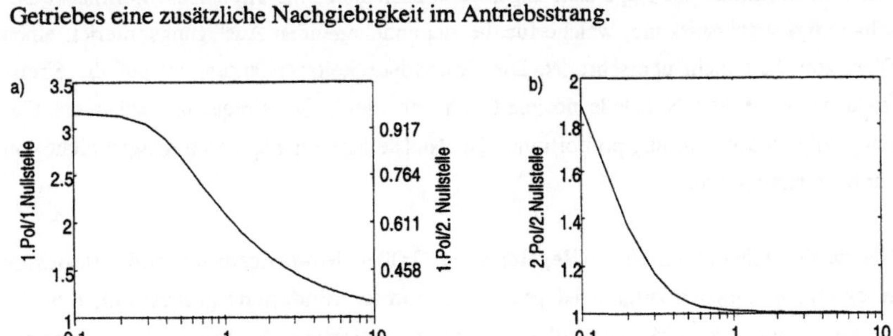

Bild 4.17: Abstand der ersten Polfrequenz von der unteren und oberen Nullstellenkreisfrequenz (a), und der zweiten Polfrequenz von der zweiten Nullstellenkreisfrequenz (b), jeweils in Abhängigkeit von der Motorträgheit j_M.

Die mechanischen Parameter lassen sich im Hinblick auf eine höhere Geschwindigkeitsverstärkung anpassen, indem die Schritte

- ggf. Erhöhung der normierten Geschwindigkeitsverstärkung durch günstigere Verhältnisse der Eigenwerte,
- Optimierung der Mechanikparameter für hohe Nullstellenkreisfrequenz, wobei jeweils eine der Steifigkeiten c_1 und c_2, sowie eines der Trägheitsmomente J_Z und J_A konstant gehalten werden muß,
- dabei Beachtung von Gl. (4.18) und
- Bestimmung einer günstigen Motorträgheit J_M

ggf. mehrfach iterativ durchgeführt werden. Dieses Vorgehen ist für Optimierungen in der Nähe der anfänglich vorgegebenen mechanischen Parameter sinnvoll. Eine generelle Bestimmung optimaler mechanischer Parameter ist dagegen mit dem geschilderten Verfahren aufgrund der vielfältigen Abhängigkeiten und Zusammenhänge nicht zweckmäßig. Dieses Problem erfordert daher weitere Untersuchungen.

Zusammenfassung der Erkenntnisse:

Bei dominanter Mechanik verändern auch die Pole, welche von der Mechanik herrühren, ihren Ort in der komplexen Ebene, wenn die Regelungsparameter variiert werden. Dadurch beeinflußt die Lage aller Eigenwerte zueinander die erreichbare normierte Geschwindigkeitsverstärkung, welche für die zugrundeliegenden Auslegungskriterien einen Wert von 0,33 nicht überschreitet. Die Geschwindigkeitsverstärkung ist auf die Kreisfrequenz der ersten Nullstelle normiert, d.h. mit dieser Kreisfrequenz wächst die Geschwindigkeitsverstärkung proportional. Die Nullstellenkreisfrequenzen hängen nicht von der Motorträgheit ab.

Die ideale, zeitkontinuierliche **Regelung** der Größen **Motordrehzahl und Motorlage eines Dreimassenschwingers ist prinzipiell immer mindestens grenzstabil**, d.h. die mechanischen Rückwirkungen führen nicht zu instabilem Verhalten der geregelten Strecke. Allerdings können die schwingungsfähigen Systeme zwischen Motor und Armspitze zu überlagerten Schwingungen an der Armspitze führen. Dies gilt insbesondere für schwach gedämpfte Eigenwerte, wie sie für mechanische Strukturschwingungen typisch sind. **Unter der Voraussetzung überschwingfreien Verhaltens an der Armspitze** mindestens bzgl. der ersten Eigenfrequenz, **bzw. bei dominantem Motor** unter Voraussetzung **einer Obergrenze der am Arm überlagerten Schwingamplitude, ist die erreichbare Geschwindigkeitsverstärkung begrenzt, obwohl die geregelte Strecke** unter idealen Bedingungen **für beliebige Regelungsparameter stabil bleibt**.

4.4 Dimensionierung des Integralanteils

Die Regelungsauslegung im Kapitel 4.3 beinhaltet keinen I-Anteil zur stationären Ausregelung von Störmomenten, z.B. von nicht vollständig ausgeglichenen Gewichtsmomenten. Da Integralanteile in der Lageregelung eine starke Entdämpfung bewirken, enthält nur die Drehzahlregelung einen I-Anteil. Dieser zusätzliche Integralanteil beeinflußt die Regelung und ist Gegenstand der folgenden Ausführungen.

Die Übertragungsfunktion G_R einer P-Lage-, PI-Drehzahlregelung lautet für Sollwerte $w=0$:

$$G_R = \frac{U}{X} = -(K_v + K_I)K_p - sK_p - \frac{K_v K_I K_p}{s}. \tag{4.28}$$

Dabei steht X für die Laplace-Transformierte der gemessenen Lage. Eine endliche Nachstellzeit T_N, d.h. eine Verstärkung $K_I = 1/T_N > 0$, wirkt sich gemäß Gleichung (4.28), abgesehen vom letzten Term, welcher eine stationär unendliche Störsteifigkeit bewirkt, gleich wie eine Erhöhung der Geschwindigkeitsverstärkung K_v aus. Dies gilt insbesondere für eine kleine Verstärkung K_I bzw. eine große Nachstellzeit T_N, da dann der letzte Term in Gl. (4.28) klein bleibt. Das Verhalten zeigt die Wurzelortskurve Bild 4.18 an einem Beispiel auf. Der komplexe und der linke reelle Pol verhalten sich unter Variation des K_v zwischen 50 und $100s^{-1}$ ähnlich, wie wenn der K_v $50s^{-1}$ beträgt und K_I zwischen 0 und $50s^{-1}$ variiert.

Im Abschnitt 4.3 ist hergeleitet, wie groß die Geschwindigkeitsverstärkung ohne Berücksichtigung eines I-Anteils sein darf. Diesen Wert darf gemäß Gl. (4.28) die Summe aus I-Anteil und tatsächlicher Geschwindigkeitsverstärkung K_v nicht überschreiten. Im Interesse eines guten Führungsverhaltens muß der K_v-Wert größtmöglich gewählt werden, da er den Schleppabstand und damit die Bahngenauigkeit direkt beeinflußt, während der I-Anteil lediglich Störungen stationär kompensieren kann. Daraus folgt, daß nur eine schwache Parametrierung des I-Anteils zulässig ist. Bei dieser Parametrierung spielt der letzte Term in Gl. (4.28) dynamisch praktisch keine Rolle.

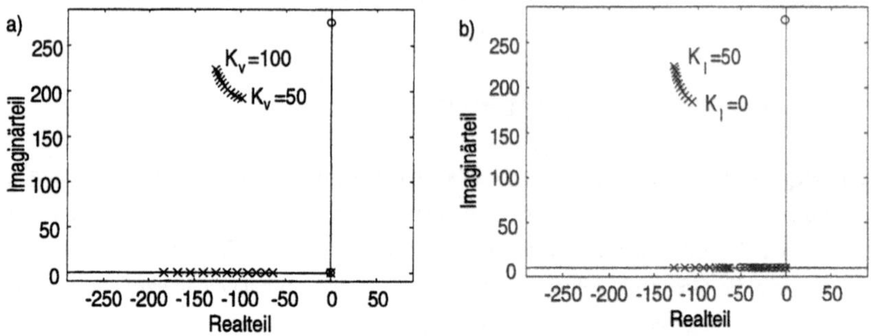

Bild 4.18: Einfluß eines I-Anteils auf die Lageregelung für eine Strecke mit J_M=4kgm², J_Z=40kgm², J_A=8,5kgm², i_g=1, $c_1=3{,}88\cdot10^6$Nm/rad, $c_2=2{,}5\cdot10^6$Nm/rad: a) Variation von K_v zwischen 50 und 100s^{-1} bei K_I=0, b) K_v=50s^{-1}, Variation von K_I zwischen 0 und 50s^{-1}.

Da der I-Anteil somit Störungen nur mit großer Zeitkonstante ausgleichen kann, müssen alle bekannten Störmomente online berechnet und dem Stellsignal gesteuert aufgeschaltet werden, wenn die Genauigkeit direkt angetriebener Roboterachsen erhöht werden soll. Diese Regel gilt insbesondere auch für Störmomente aufgrund von nicht ausgeglichenen Gewichtsmomenten und für Reibmomente.

4.5 Einfluß von Zeitkonstanten im Regelungskreis

Die bisher betrachtete Regelstrecke weist keine Zeitkonstanten auf. In der Realität entstehen durch PT_1-Glieder annäherbare Verzögerungen in der Stromregelung, sowie in der Regelungseinrichtung. Daneben kommen in der Regelung Tiefpässe zur Unterdrückung hochfrequenter Eigenfrequenzen an direkt angetriebenen Achsen, herrührend z.B. von Eigenschwingungen der Meßsysteme /28/, zum Einsatz. Durch die unvermeidbaren Zeitkonstanten verringern sich die in Kapitel 4.3 hergeleiteten Regelungsbandbreiten in Abhängigkeit von diesen Zeitkonstanten. Grundsätzlich sind die im Abschnitt 4.3 dargestellten Fälle des dominanten Motors und der dominanten Mechanik zu unterscheiden.

Bereits die Drehzahlregelung neigt zu Instabilität, falls mehrere PT_1-Glieder auftreten. Dieser Einfluß läßt sich an der Wurzelortskurve der Drehzahlregelung aufzeigen. Die Asymptoten der Wurzelortskurve für einen gegen unendlich strebenden Regelfaktor schneiden sich im auf der reellen Achse liegenden Wurzelschwerpunkt δ_W und bilden dabei Winkel φ_i zur positiven reellen Achse /36/. Es gilt, wobei n die Anzahl der Pole p_v, m die Anzahl der Nullstellen n_v angibt:

$$\delta_W = \frac{\sum_{v=1}^{m} \mathrm{Re}\{n_v\} - \sum_{v=1}^{n} \mathrm{Re}\{p_v\}}{m-n}, \text{ und} \tag{4.29}$$

$$\varphi_i = (2i+1)\frac{\pi}{n-m}, \text{ mit } i \in \{0,1,\ldots,n-m-1\}. \tag{4.30}$$

Bei Auftreten eines Polüberschusses $n-m$ von zwei entstehen senkrecht zur reellen Achse stehende Asymptoten, d.h. $\varphi = \pm 90°$, während weitere Polstellen zu Asymptoten mit einer Neigung von weniger als 90° führen. Bei sehr kleinen Zeitkonstanten, d.h. betragsmäßig großen Realteilen, liegt dabei allerdings der Schnittpunkt der Asymptoten weit links, so daß die Regelung erst für hohe Regelungsverstärkungen instabil wird. Bild 4.19 zeigt die Verhältnisse für einen Polüberschuß von drei und eine große bzw. kleine Zeitkonstante.

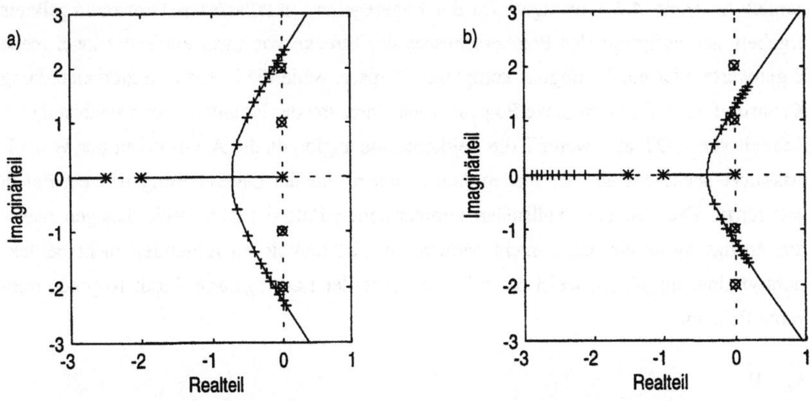

Bild 4.19: Asymptoten der Wurzelortskurve bei einem Polüberschuß von drei a) für größere, b) für kleinere Zeitkonstante. Die Markierungen auf den Wurzelortskurven sind für Verstärkungen von 0,5; 1; 1,5; ...; 5 eingetragen.

Ein drehzahlgeregelter Dreimassenschwinger weist ohne Berücksichtigung von Zeitkonstanten einen Polüberschuß von eins auf. Damit neigt die Regelung erst ab zwei zusätzlichen PT_1-Gliedern zur Instabilität. Wirkt in der Drehzahlregelung nur eine Zeitkonstante, ergibt sich in der Lageregelung durch den zusätzlich in s=0 hinzukommenden Pol ein Polüberschuß von drei. Falls weitere Verzögerungen vorhanden sind, müssen diese sehr geringe Zeitkonstanten aufweisen. Der Einfluß auf die Regelung wird im folgenden unter Berücksichtigung eines PT_1-Gliedes hergeleitet, wobei die größte Zeitkonstante relevant ist. Dieses PT_1-Glied kann formal der Regelstrecke zugeschlagen werden. Der Einfluß des PT_1-Glieds auf die Regelungsparametrierung ist zu untersuchen.

4.5.1 Dominanter Motor

Aufgrund der geringen Rückwirkungen der Mechanik auf den Motor tritt eine Pol-/Nullstellenkompensation der mechanischen Eigenfrequenzen auf. Diese auf der imaginären Achse liegenden Pole bleiben deshalb von einer Veränderung der Regelungsparameter unbeeinflußt, d.h. die Regelungsparametrierung beeinflußt nur zwei Pole. Das Hinzufügen eines PT_1-Glieds erhöht die Systemordnung der Regelstrecke um eins. Die Eigenwerte der Lageregelung können nicht beliebig gewählt werden, weil nur zwei Zustandsgrößen, nämlich eine Lage und eine Drehzahl, zurückgeführt werden, die Regelungsparameter aber drei Pole beeinflussen. Damit kann die Parametrierung nicht mehr gemäß Abschnitt 4.3.1 erfolgen. Im der Lageregelung unterlagerten Drehzahlregelkreis ergeben sich aufgrund des Polüberschusses der Strecke von zwei entweder zwei reelle Eigenwerte oder ein konjugiert komplexes Polpaar, wenn die Drehzahlreglerverstärkung K_p variiert wird. Das komplexe Polpaar weist einen von der Parametrierung unabhängigen Realteil von -1/2T auf, wenn T die Zeitkonstante angibt, da die Asymptoten der Wurzelortskurve senkrecht auf der reellen Achse stehen. Für die Lageregelung tritt ein Pol in s=0 hinzu. Die von den Nullstellen kompensierten Pole der Mechanik dagegen beeinflussen das Systemverhalten nicht nennenswert, so daß sie im folgenden nicht berücksichtigt sind. Insgesamt weist die offene Strecke der Lageregelung damit folgende relevante Pole auf:

$$s_0 = 0$$
$$s_{1,2} = a \pm bj = -\frac{1}{2T} \pm j\frac{1}{2T}\sqrt{4 \cdot T \cdot K_p - 1} \tag{4.31}$$

Der Fall zweier unterschiedlicher reeller Eigenwerte der Drehzahlregelung führt zu geringer Regelungsbandbreite in der Lageregelung und wird daher nicht betrachtet. Die Eigenwerte der Lageregelung sollen relative Dämpfungen dicht bei eins aufweisen, um Überschwingen zu vermeiden. Nach /36/ ergeben sich auf der reellen Achse liegende Verzweigungspunkte der Wurzelortskurve durch Lösung der Gleichung:

$$\sum_{i=1}^{m+n} \varepsilon_i \frac{\delta - a_i}{(\delta - a_i)^2 + b_i^2} = 0 \tag{4.32}$$

Die Lösungen δ_i geben den Realteil der Verzweigungspunkte an, a_i und b_i bezeichnen die Real- und Imaginärteile der Eigenwerte. Sowohl Null- als auch Polstellen gehen in die Gleichung ein. Der Faktor ε_i ist +1 für Nullstellen, -1 für Pole. Durch Einsetzen von (4.31) und Auflösen nach δ ergibt sich:

$$\delta_{1,2} = \frac{2a \pm \sqrt{a^2 - 3b^2}}{3} \tag{4.33}$$

Reelle Eigenwerte treten auf, wenn

$$b \leq -\frac{a}{\sqrt{3}}, \text{ d.h. } K_p \leq \frac{1}{3T} \tag{4.34}$$

gilt. Der links liegende Verzweigungspunkt wird bei anwachsender Regelungsverstärkung zuerst erreicht. Mit weiter steigender Verstärkung erreichen die Pole für

$$K_v = -\frac{1}{27} \frac{y^3 + (9K_pT - 3)y + 2 - 9K_pT}{K_pT^2} \quad \text{mit } y = \sqrt{1 - 3K_pT} \tag{4.35}$$

den rechts liegenden Verzweigungspunkt, wo sich der von s=0 auf der reellen Achse laufende Pol mit einem von links herkommenden Pol trifft. An dieser Stelle entsteht ein reeller Doppelpol. Zusätzlich liegt ein reeller Pol links vom linken Verzweigungspunkt. Bild 4.20 zeigt die Wurzelortskurve der Lageregelung.

Die höchste Regelungsbandbreite mit noch reellen Polen wird erreicht, wenn das Gleichheitszeichen in (4.34) gilt. Im Verzweigungspunkt entsteht für

$$K_v = \frac{1}{9T} \tag{4.36}$$

ein reller Dreifachpol mit

$$\delta = \frac{2a}{3} = -\frac{1}{3T}. \tag{4.37}$$

Für Eigenwerte der Drehzahlregelung mit

$$b > -\frac{a}{\sqrt{3}}, \text{ d.h. } K_p > \frac{1}{3T}, \tag{4.38}$$

treten in der Lageregelung komplexe Pole auf, die nicht auf die reelle Achse wandern, Bild 4.21.

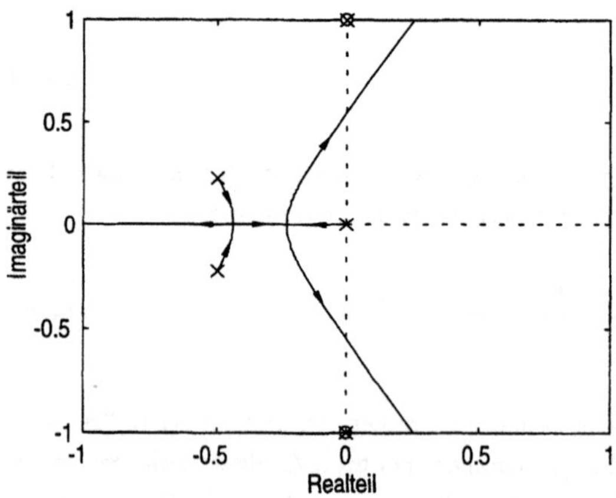

Bild 4.20: Wurzelortskurve der Lageregelung für eine Strecke mit dominantem Motor und einer PT_1-Zeitkonstanten T=1s für K_p=0,3, d.h. kleiner als 1/3T.

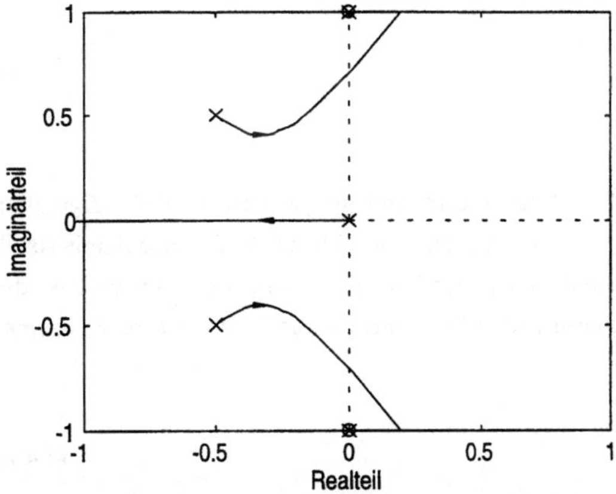

Bild 4.21: Wurzelortskurve der Lageregelung für eine Strecke mit dominantem Motor und einer PT_1-Zeitkonstante für $K_p > 1/3T$.

Überschwingfreies Verhalten der Lageregelung entsteht gemäß /37/, wenn der reelle Pol der Lageregelung dem Realteil des konjugiert komplexen Polpaares entspricht. Die Übertragungsfunktion des lagegeregelten Antriebs weist den Nenner

$$N = \frac{T}{K_v K_p} s^3 + \frac{1}{K_v K_p} s^2 + \frac{1}{K_v} s + 1 \tag{4.39}$$

auf. Der Nenner ist dritter Ordnung und daher nicht grundsätzlich geschlossen lösbar. Unter der Annahme, daß der reelle Pol bei

$$s_0 = -\frac{1}{3T} \tag{4.40}$$

liegt und damit eine Wurzel der charakteristischen Gleichung darstellt, ergibt sich durch Einsetzen in N=0 mit N gemäß Gleichung (4.39):

$$K_v = -\frac{1}{27} \frac{2 - 9TK_p}{T^2 K_p}. \tag{4.41}$$

Einsetzen von (4.41) in (4.39) und Berechnen der Wurzeln führt zu:

$$s_0 = -\frac{1}{3T}$$
$$s_{1,2} = -\frac{1}{3T} \pm \frac{1}{3T}\sqrt{9K_pT-3}\,j \qquad (4.42)$$

Das heißt, daß die Annahme Gl. (4.40) zutrifft und die gewünschte Polkonfiguration durch eine Parametrierung nach Gl. (4.41) entsteht. Dabei bleibt der Lageregelkreis stabil, weil der reelle Pol, und damit auch die konjugiert komplexen Eigenwerte, immer links des Ursprungs bleiben. Die Parametrierung nach (4.41) nähert sich für wachsende K_p asymptotisch dem Endwert

$$K_{v,\infty} = \frac{1}{3T} \qquad (4.43)$$

an. Das bedeutet, daß ein Dreimassenschwinger mit dominanter Mechanik bestenfalls mit einer Geschwindigkeitsverstärkung nach Gl. (4.43) geregelt werden kann, wenn im Regelkreis ein PT_1-Glied mit Zeitkonstante T auftritt. Gl. (4.43) gilt für $K_p \to \infty$. Diese Verstärkung ist in der Praxis nicht realisierbar. Daher erfolgt die Parametrierung für endliche Drehzahlreglerverstärkung K_p gemäß Gl. (4.41), solange die Geschwindigkeitsverstärkung nach Gl.(4.41) die in Gl. (4.38) angegebene Grenze überschreitet. Eine Parametrierung nach Gl. (4.36) ergibt einen reellen Dreifachpol, allerdings bei einer Geschwindigkeitsverstärkung, die nur noch ein Drittel der Obergrenze nach Gl. (4.43) beträgt.

Die bisherigen Betrachtungen gelten für eine überschwingfreie Regelung der Motorlage. Hier kompensieren Streckennullstellen die Pole der Mechanik. Letztendlich zählt jedoch das Verhalten der geregelten Achse an der Armspitze bzw. am TCP. Da die Streckennullstellen in der Übertragungsfunktion von der Motorbeschleunigung zur Armlage nicht auftreten, entstehen überlagerte Schwingungen in der Armlage. Zur Beurteilung dieser Schwingungen müssen für die vorstehend hergeleiteten Regelungsparametrierungen die Residuen der Mechanikpole berechnet werden. Dabei sind allerdings geschlossene Lösungen zur Regelungsauslegung anhand einer vorgegebenen zulässigen Schwingamplitude nicht möglich. Daher werden die Residuen in Abhängigkeit der Regelungsparameter auf einem Rechner bestimmt. Dazu wird die Einstellung der Lageregelung gemäß vorstehender Herleitung aus vorgegebenen Werten für die Drehzahlreglerverstärkung K_p ermittelt. Mit diesen Parametern erfolgt die Berechnung der Regelungseigenwerte, und daraus der überlagerten Schwingamplitude der mechanischen Eigenwerte z.B. für rampenförmige Lagesollwerte. Für beschleunigungs- oder ruckbegrenzte Sollwertverläufe entstehen geringere Amplituden. Liegt beispielsweise neben der Geschwindigkeitsbegrenzung der Sollwerte eine endliche Beschleunigung zugrunde, hängt die resultierende Schwingamplitude sowohl von der Sollbeschleunigung, als auch von der Sollgeschwindigkeit ab. Dies gilt insbesondere für hohe Regelungsfaktoren, während zu geringerer Regelungsbandbreite hin hauptsächlich die Sollgeschwindigkeit die Amplitude der überlagerten Schwingungen beeinflußt. Bei Direktantrieben wird eine sehr hohe Beschleunigung erreicht, so daß sich bei einer Betrachtung geschwindigkeitsbegrenzter Sollwerte eine grobe Abschätzung nach oben ergibt. Im jeweiligen Anwendungsfall sollte daher das geschilderte Verfahren für die ungünstigsten tatsächlich auftretenden Sollwertverläufe angewandt werden. Aus dem Graphen der überlagerten Armschwingungsamplitude über dem Regelungsfaktor K_v läßt sich direkt die maximal mögliche Parametrierung ablesen, bei der die Schwingamplitude eine vorgegebene Schranke einhält. Bild 4.22 zeigt dieses Diagramm für eine Strecke mit den Parametern:

$$\omega_1 = 300\frac{1}{s},\ \omega_2 = 600\frac{1}{s} \text{ und } T = 0{,}005s\,. \tag{4.44}$$

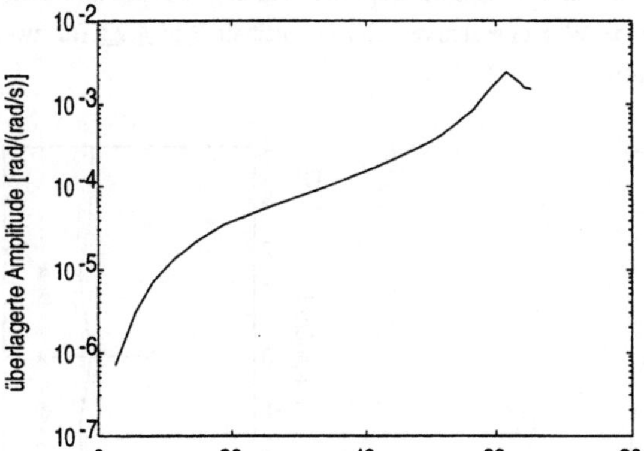

Bild 4.22: Auf die Steigung der Sollwerte normierte Amplitude überlagerter Schwingungen in Abhängigkeit von der Geschwindigkeitsverstärkung K_v für Streckenparameter nach Gl. (4.44).

Die Amplitude in Bild 4.22 ist auf die Steigung der Lagesollwertrampen normiert. Zwar kann eine hohe Geschwindigkeitsverstärkung von über $60s^{-1}$ erreicht werden, aber die Amplitude überlagerter Schwingungen des Arms wächst stark mit der Geschwindigkeitsverstärkung an.

4.5.2 Dominante Mechanik

Im Fall dominanter Mechanik stimmen die Nullstellen der Strecke nicht mit deren Polen überein. Aufgrund der Rückwirkungen beeinflussen die Rückführverstärkungen der Motorgrößen neben den Eigenwerten des Motors auch jene der Mechanik. Damit gelten die Betrachtungen im Abschnitt 4.5.1 nicht für diesen Streckentyp.

Zunächst wird der Einfluß eines PT_1-Gliedes auf die Wurzelortskurven der Drehzahl- und der Lageregelung betrachtet. Die Regelstrecke weist bzgl. der Regelung der Motorgrößen die z.B. nach Gl. (4.13) berechneten zwei Polpaare und zwei Nullstellenpaare auf. Für den Drehzahlregelkreis kommt ein einfacher Pol in s=0 dazu. Das PT_1-Glied fügt einen weiteren reellen Pol in -1/T hinzu. Damit beträgt der Polüberschuß der Drehzahlregelung zwei. Die resultierende Wurzelortskurve zeigt beispielhaft Bild 4.23 für zwei verschieden große Zeitkonstanten.

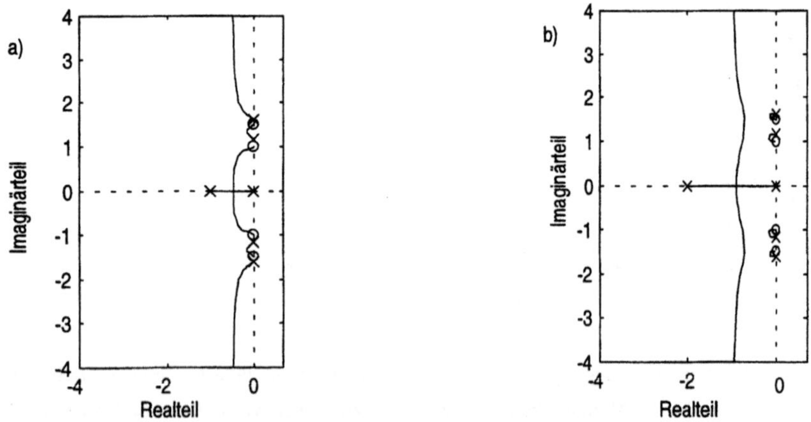

Bild 4.23: Wurzelortskurven der Drehzahlregelung für Streckenpole in 0; ±1,15j; ±1,6j; Streckennullstellen in ±j; ±1,5j für T=1 (a) und T=0,5 (b).

Die Wurzelortskurve weist, entsprechend dem Polüberschuß, senkrechte Asymptoten durch den Punkt (-1/2T±0j) für eine gegen unendlich strebende Drehzahlreglerverstärkung auf. Weiterhin liegen Endpunkte der Wurzelortskurve in den Nullstellen. Die reelle Achse ist im Intervall [-1/T;0] Bestandteil der Wurzelortskurve. Auf der reellen Achse liegende Verzweigungspunkte lassen sich nach Gl. (4.32) berechnen, die sich allerdings wegen der hohen Systemordnung nur noch numerisch lösen läßt.

Die Pole und Nullstellen des Drehzahlregelkreises stellen, zusammen mit einem weiteren Pol in s=0, die Eigenwerte des offenen Lageregelkreises dar. Die Eigenwerte hängen von der Parametrierung des Drehzahlreglers ab. Der Polüberschuß der Lageregelung beträgt drei, weshalb sich nach Gl. (4.30) Asymptoten der Wurzelortskurve unter den Winkeln ±60° und 180° gegen die positive reelle Achse ergeben. Bild 4.24 zeigt beispielhaft die Wurzelortskurven der Lageregelung für zwei verschiedene Drehzahlreglerparameter k_p. Auf der reellen Achse können analog zu Abschnitt 4.3.1 zwei, ein oder kein Verzweigungspunkt der Wurzelortskurve liegen. Grundsätzlich kann instabiles Verhalten auftreten, da die Wurzelortskurve die imaginäre Achse schneidet.

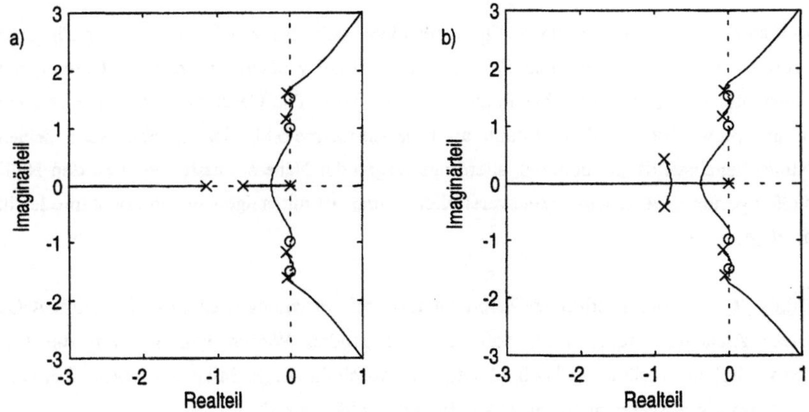

Bild 4.24: Wurzelortskurven der Lageregelung für die Strecke gemäß Bild 4.23 mit T=0,5 bei k_p=0,4 (a) und k_p=0,5 (b)

Den Einfluß einer PT_1-Zeitkonstanten auf die Regelungsparametrierung zeigt Bild 4.25 für das Auslegungskriterium AK1. Analog zu der Herleitung in Abschnitt 4.3.2 wird die zweite normierte Eigenfrequenz Ω_2 als hinreichend groß angenommen und nicht näher betrachtet.

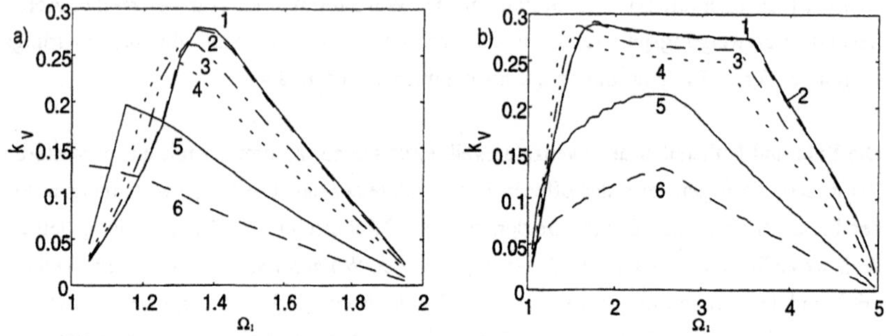

Bild 4.25: Einfluß einer PT_1-Zeitkonstante auf die Regelungsparametrierung mit Auslegung gemäß Kriterium AK1 für $\Omega_N=2$ (a) bzw. $\Omega_N=5$ (b). Die normierte Zeitkonstante beträgt T=0,001 (1); 0,01 (2); 0,1 (3); 0,2 (4); 0,5 (5); 1 (6).

Bei kleinem Nullstellenabstand Ω_N verschiebt sich das k_v-Maximum zu geringeren Werten der ersten Polfrequenz Ω_1 hin, während bei großem Ω_N der Ω_1-Bereich mit konstanter normierter Regelbandbreite schmäler wird. Die Geschwindigkeitsverstärkung nimmt mit wachsender Zeitkonstante ab. Eine Ausnahme bildet der Fall eines sehr kleinen Nullstellenabstands, bei dem die, allerdings wegen der Nähe des ersten Pols zu den Nullstellen geringe, Geschwindigkeitsverstärkung zunächst mit steigender Zeitkonstante leicht ansteigt.

Bild 4.26 zeigt den Einfluß der Zeitkonstanten bei Auslegung nach dem Kriterium AK2. Diese Auslegung führt dazu, daß auch zu großen Werten von Ω_1 hin die Geschwindigkeitsverstärkung hoch bleibt, vgl. Abschnitt 4.3.2. Mit wachsender Zeitkonstante nimmt die erreichbare Geschwindigkeitsverstärkung ab.

Insgesamt führt ein PT_1-Glied im Regelkreis zu der Gefahr von Instabilitäten und zu einer Verringerung der realisierbaren Regelungsbandbreite.

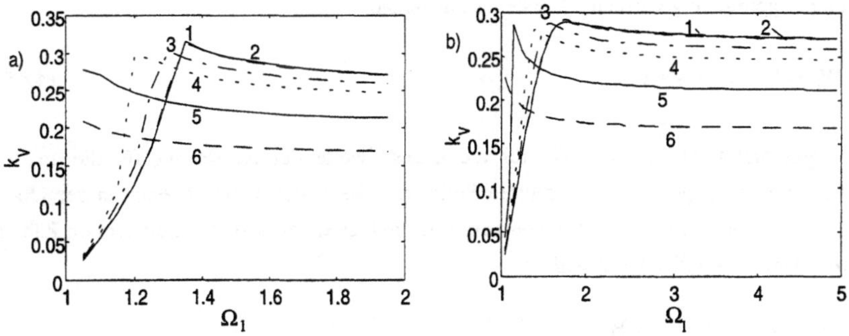

Bild 4.26: Einfluß einer PT_1-Zeitkonstante auf die Regelungsparametrierung mit Auslegung gemäß Kriterium AK2 für Ω_N=2 (a) bzw. Ω_N=5 (b). Die normierte Zeitkonstante beträgt T=0,001 (1); 0,01 (2); 0,1 (3); 0,2 (4); 0,5 (5); 1 (6).

4.6 Vorsteuerung

Die erzielbare Lageregelungsbandbreite ist aus Stabilitätsgründen, insbesondere bei Vorliegen schwach gedämpfter Eigenfrequenzen, begrenzt. PT_1-Glieder verringern, wie in Abschnitt 4.5 dargestellt, zusätzlich die Lageregelungsbandbreite. I-Anteile in der Drehzahlregelung führen nur zu einer Verbesserung des stationären Störverhaltens. Daher kommt der Einsatz einer Vorsteuerung zur Optimierung des Führungsverhaltens der geregelten Achse in Betracht /9/. Voraussetzung für eine Anwendung höherer Vorsteueralgorithmen, wie z.B. der in /9/ vorgeschlagenen modifizierten inversen Übertragungsfunktionen, ist entweder gleichbleibendes oder hinreichend genau reproduzierbares Verhalten der geregelten Strecke. Den in /9/ untersuchten Verfahren liegt als einzige Parameterschwankung jene der Streckenverstärkung zugrunde. Diese entsteht durch Nutungseffekte und Entkopplungsfehler bei asynchronen Direktantrieben. Wie in Abschnitt 3.1 und 3.4 hergeleitet, liegen an Roboterachsen zusätzlich große Schwankungen mechanischer Parameter vor. Die genannten höheren Verfahren verbessern die Genauigkeit bereits bei schwankender Streckenverstärkung kaum gegenüber einer Geschwindigkeits- und Beschleunigungsvorsteuerung, welche daher im folgenden ausschließlich untersucht wird.

Der Lageregelung wird eine Vorsteuerung gemäß:

$$W_R = W_A\left(1 + v_1 s + v_2 s^2\right), \tag{4.45}$$

vorgeschaltet. Dabei steht W_A für die Lagesollwerte der Achse, W_R für die an den Eingang der Lageregelung geführten Sollwerte. Die Vorsteuerung erzeugt in der Übertragungsfunktion von den Achssollwerten zur Istlage ein zusätzliches Polynom im Zähler, und damit zusätzliche Nullstellen:

$$\frac{X}{W_A} = \left(1 + v_1 s + v_2 s^2\right)\frac{B_R}{A_R}. \tag{4.46}$$

B_R gibt den Zähler, A_R den Nenner der Übertragungsfunktion der geregelten Achse an. Optimal im Sinne geringstmöglichen Schleppabstands der Achsen ist eine Parametrierung mit:

$$v_1 = \frac{1}{K_v}, \text{ und} \tag{4.47a}$$

$$v_2 = \frac{1}{K_v K_p}. \tag{4.47b}$$

Die Übertragungsfunktion B_R/A_R der geregelten Strecke soll einen Eigenwert $s_1 = -a_1 + j\omega_1$ aufweisen. Dann führt die Vorsteuerung zu einem zusätzlichen Faktor

$$1 + v_1 s_1 + v_2 s_1^2$$

im Residuum dieses Eigenwertes bzgl. der vorgesteuerten geregelten Strecke. Daraus ergibt sich der Faktor R_V, um den sich das Residuum der geregelten Strecke B_R/A_R durch die Vorsteuerung betragsmäßig verändert:

$$R_V = \sqrt{\left(1 - v_1 a_1 + v_2\left(a_1^2 - \omega_1^2\right)\right)^2 + \left(v_1\omega_1 - 2a_1\omega_1 v_2\right)^2} \tag{4.48}$$

Das bedeutet, daß bei gleichbleibendem Sollwertverlauf eine zusätzliche Vorsteuerung die Amplitude überlagerter Schwingungen um den vorstehenden Faktor R_v modifiziert.

Unter der Voraussetzung schwach gedämpfter Eigenfrequenzen, wie sie bei der Kaskadenregelung von Dreimassenschwingern auftreten, entsteht daraus:

$$R_V = \sqrt{\left(1 - v_2\omega_1^2\right)^2 + v_1^2\omega_1^2}\,. \tag{4.49}$$

Eine Kombination aus Geschwindigkeits- und Beschleunigungsvorsteuerung führt, ebenso wie eine reine Geschwindigkeitsvorsteuerung, zu verstärkten Schwingungen, wenn gilt:

$$v_{1,opt}\omega_1 = \frac{\omega_1}{K_v} > 1\,. \tag{4.50}$$

Selbst durch Wahl von $1 - v_2\omega_1^2 = 0$ bleiben die Eigenschwingungen signifikant, da die Geschwindigkeitsverstärkung z.B. gemäß Abschnitt 4.3.2 maximal das 0,33-fache der ersten Nullstellenfrequenz betragen kann, welche wiederum gemäß Gl. (4.14) die erste Eigenfrequenz nicht überschreitet. Durch die Parametrierung $v_1 = 0$ kann dagegen eine Anregung der Schwingung mit der Eigenfrequenz ω_1 durch eine reine Beschleunigungsvorsteuerung mit

$$v_2 = \frac{1}{\omega_1^2} \tag{4.51}$$

verhindert werden. Diese unterdrückt nur die von den Achssollwerten herrührende Anregung genau einer Eigenfrequenz. Es sei ω_2 eine weitere Eigenfrequenz der geregelten Strecke. Dann verstärkt sich ab

$$\frac{\omega_2}{\omega_1} > \sqrt{2} \tag{4.52}$$

das Residuum von ω_2 durch den Einsatz der Beschleunigungsvorsteuerung, während bei kleinerem Frequenzverhältnis auch die Frequenz ω_2 abgeschwächt wird.

Eine gemäß Gleichung (4.51) parametrierte Beschleunigungsvorsteuerung führt zu einer Reduktion des Residuums von ω_1 und damit zu einer Abnahme der von dieser Eigenfrequenz herrührenden überlagerten Schwingungen. Abweichungen der tatsächlichen von der parametrierten Eigenfrequenz bewirken eine unvollständige Tilgung der Eigenschwingung. Der Tilgungsfaktor T, um den sich das Residuum $R_{\omega 1}$ der tatsächlichen

Eigenfrequenz ω_l durch die Beschleunigungsvorsteuerung reduziert, berechnet sich gemäß:

$$T = \left|1 - f^2\right| \text{ mit } f = \frac{\omega_1}{\omega_{1,nom}}. \tag{4.53}$$

In das Residuum $R_{\omega 1}$ gehen alle anderen Pole und Nullstellen der geregelten Strecke ein. Deshalb wird als Beispiel die Schwingamplitude bei Einsatz einer für $\omega_{1,nom} = 500s^{-1}$ ausgelegten Vorsteuerung in Abhängigkeit von der tatsächlichen Eigenfrequenz ω_l angegeben, wenn die Übertragungsfunktion der geregelten Strecke keine Nullstellen und die Pole:

$$p = \{-100;\quad -100 + 200j;\quad -100 - 200j;\quad +\omega_1 j;\quad -\omega_1 j\}\frac{1}{s}$$

aufweist, Bild 4.27. Dem Bild liegen geschwindigkeitsbegrenzte Lagesollwerte zugrunde.

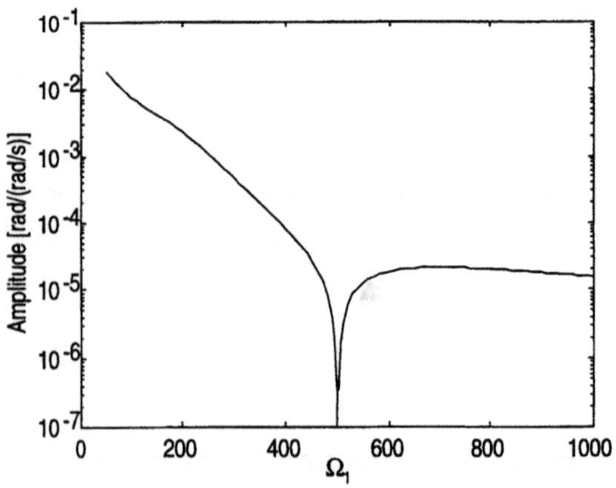

Bild 4.27: Amplitude überlagerter Schwingungen in Abhängigkeit von der tatsächlichen Eigenfrequenz ω_1, wenn die Vorsteuerung für $\omega_1 = 500s^{-1}$ ausgelegt ist und die im Text aufgelisteten Streckenparameter zugrundeliegen.

Die erste Eigenfrequenz führt dank des reellen Pols nicht zum Überschwingen. Eine Abweichung der zweiten Eigenfrequenz ω_l nach unten zeigt aufgrund des mit abnehmender

Frequenz stark ansteigenden Residuums einen wesentlich höheren Einfluß auf die Schwingamplitude als eine Abweichung nach oben.

Bei gedämpften Eigenwerten der Form $-a_1 \pm j\omega_1$ kompensiert die Vorsteuerung diese Eigenwerte für

$$v_1 = \frac{2a_1}{a_1^2 + \omega_1^2}\text{, und} \tag{4.54a}$$

$$v_2 = \frac{1}{a_1^2 + \omega_1^2}. \tag{4.54b}$$

Dabei wird für den Parameter v_1 der bzgl. des Schleppabstands optimale Wert gemäß Gl. (4.47a) in der Regel nicht erreicht.

Alternativ zu der sehr einfachen Maßnahme der Beschleunigungsvorsteuerung kann mittels aufwendiger Verfahren die Sollwertgenerierung für die Achsen so erfolgen, daß die Sollwerte keine Spektralanteile bei allen Eigenfrequenzen der geregelten und gemäß Gl. (4.47) vorgesteuerten Achsen aufweisen /41/. Die von der Vorsteuerung bewirkte Anhebung der Schwingungen nach Gl. (4.49) ist dann tolerierbar. Dabei muß allerdings berücksichtigt werden, daß der Bahnfehler besonders bei Knickarmrobotern nichtlinear von den Schleppabständen der einzelnen Achsen abhängt. Außerdem wirken z.B. stellungsabhängige Störmomente auf die Achsen ein. Diese Störungen werden durch die Vorsteuerung nicht reduziert. Das bedeutet, daß die mit der Vorsteuerung im Führungsverhalten erzielte Verringerung der Schleppabstände nicht zwangsläufig zu einer verbesserten Bahngenauigkeit des Roboters führen muß.

4.7 Störverhalten

Das Störverhalten des geregelten Antriebs beeinflußt die erzielbare Robotergenauigkeit. Insbesondere bei sehr schnellen Bewegungsvorgängen treten Koppelmomente, d.h. Rückwirkungen aus der Bewegung der Roboterachsen, auf. Daneben führen Last-, Gewichts- und Störmomente in Verbindung mit Nachgiebigkeiten der Achsen zu Abweichungen, wenn die Messung der Lage und Geschwindigkeit motorseitig erfolgt. Zur Beurteilung der durch Störmomente hervorgerufenen Fehler erfolgt zunächst eine Herleitung der Koppelmomente.

4.7.1 Koppelmomente

Neben Gewichts-, Reibungs- und Bearbeitungsmomenten treten Koppelmomente zwischen den Achsen auf. Eine Roboterkinematik kann näherungsweise durch ein Mehrkörpersystem beschrieben werden, welches im allgemeinen Fall aus einzelnen elastischen Teilkörpern besteht /32/. Wegen des Einsatzes von Direktantrieben und der damit verbundenen hohen Steifigkeiten genügt hier bereits die Modellierung durch starre Teilkörper. Zwischen diesen Teilkörpern bestehen Kopplungen und Verbindungen z.B. durch Gelenke, Stäbe oder Federn und Dämpfer, Bild 4.28. Jedem Starrkörper ist ein körperfestes Koordinatensystem zugeordnet, dessen Ursprung jeweils in seinem Schwerpunkt liegt. Die Bewegungsgleichung des Mehrkörpersystems läßt sich formal bestimmen, indem die Teilkörper freigeschnitten werden. Unter Berücksichtigung der Schnittkräfte und -momente ergeben die für jeden einzelnen Körper aufgestellten Newton-Euler-Gleichungen ein Gleichungssystem, aus welchem die Schnittkräfte eliminiert werden können /42/.

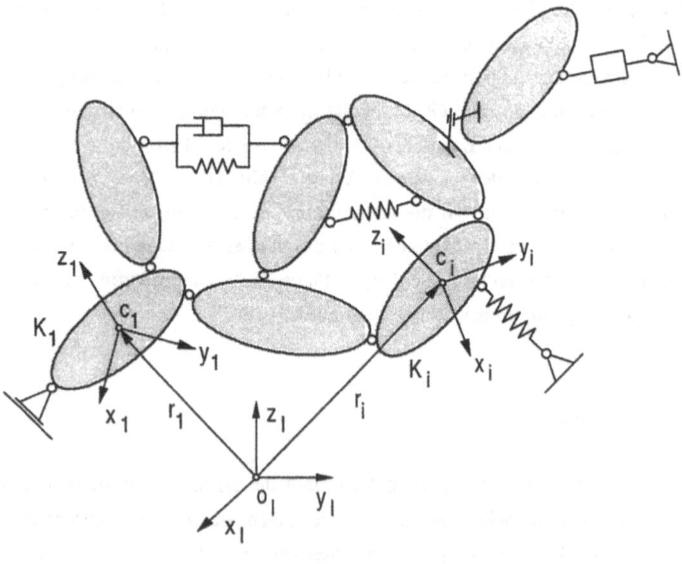

Bild 4.28: Allgemeines Mehrkörpersystem

Es entsteht die Bewegungsgleichung:

$$M(y,t)\ddot{y}(t)+k(y,\dot{y},t)=q(y,\dot{y},t) \tag{4.55}$$

Dabei bezeichnet der Vektor y die Koordinaten des Mehrkörpersystems, hier also die Achswinkel. Im allgemeinen Fall kann die Massenmatrix M eine Zeitabhängigkeit aufweisen. In k sind die verallgemeinerten Kreiselkräfte, in q die eingeprägten Kräfte bzw. Momente berücksichtigt. Das Verfahren der Mehrkörpersysteme ist zwar aufwendig, läßt sich aber gut auf ein Rechnerprogramm abbilden /43/. Unerwünschte Kopplungen zwischen den Achsen entstehen durch nicht verschwindende, außerhalb der Hauptdiagonalen liegende Elemente der Massenmatrix, und durch die Kreiselkräfte k. Diese Koppelmomente können als Störmomente für die einzelnen Achsregelungen betrachtet werden und führen daher zu Bahnfehlern. In /44/ erfolgt u.a. die Herleitung der Kreiselkräfte für die ersten drei Achsen eines direkt angetriebenen Knickarmroboters unter Vernachlässigung der Handachsen. Dabei ist eine Vielzahl mechanischer Parameter notwendig, welche oft nur ungenau bestimmt werden können /16, 45/. Es ergeben sich die folgenden Größengleichungen:

$$\begin{aligned} K_\alpha = {} & \dot{\beta}\dot{\alpha}\sin 2\beta\cdot 58\mathrm{kgm}^2+\dot{\alpha}\left(\dot{\gamma}\sin\gamma\sin\beta-\dot{\beta}\cos\gamma\cos\beta\right)\cdot 12\mathrm{kgm}^2 \\ & +\dot{\beta}^2\sin\beta\cdot 6\mathrm{kgm}^2-\dot{\gamma}^2\cos\gamma\cdot 1{,}5\mathrm{kgm}^2-\dot{\gamma}\dot{\alpha}\sin 2\gamma\cdot 0{,}3\mathrm{kgm}^2 \end{aligned} \tag{4.56a}$$

$$K_\beta=-\dot{\alpha}^2\sin 2\beta\cdot 29\mathrm{kgm}^2+\left[\left(\dot{\alpha}^2+\dot{\gamma}^2\right)\cos\gamma\cos\beta-\dot{\gamma}^2\sin\gamma\sin\beta\right]\cdot 5{,}8\mathrm{kgm}^2 \tag{4.56b}$$

$$K_\gamma=-\left[\left(\dot{\alpha}^2+\dot{\beta}^2\right)\sin\gamma\sin\beta-\dot{\beta}^2\cos\gamma\cos\beta\right]\cdot 5{,}8\mathrm{kgm}^2+\dot{\alpha}^2\sin 2\gamma\cdot 1{,}5\mathrm{kgm}^2 \tag{4.56c}$$

Terme, die Produkte unterschiedlicher Achsgeschwindigkeiten enthalten, rühren von Corioliskräften her, Terme mit Quadraten von Achsgeschwindigkeiten von Zentripetalkräften. In die Kreiselterme gehen außerdem die Achswinkel über trigonometrische Funktionen ein. Die Höhe und der Verlauf der Störmomente hängt damit sehr stark von der zu fahrenden Bahn ab. Die Kreiselkräfte wachsen für ein und dieselbe Bahn quadratisch mit der Bahngeschwindigkeit an. Wesentliche Elemente der Massenmatrix, welche außerhalb der Hauptdiagonalen liegen, entstehen bei herkömmlichen Knickarmrobotern dadurch, daß z.B. der Antrieb des Oberarms Beschleunigungsmomente im Gelenk zum Unterarm abstützen muß. Der Einsatz von Direktantrieben verbietet wegen des hohen Antriebsgewichts lange kinematische Ketten, so daß der Unterarm-Antrieb zweckmäßigerweise ebenfalls im Gelenk des Oberarms angebracht wird. Dadurch ist eine Abstützung des Unterarms gegen den Oberarm nicht mehr notwendig, weshalb die Rückwirkung auf den Oberarm gering ausfällt.

4.7.2 Abweichungen durch Störmomente

Bei motorseitiger Lagemessung entsteht über den Nachgiebigkeiten des Achsaufbaus eine von der Regelung unabhängige zusätzliche Lageabweichung der Roboterachsen durch Störmomente. Dabei spielt der Angriffspunkt der Störmomente eine Rolle. Eine worst-case-Abschätzung ergibt sich unter der Annahme, daß alle Störmomente an der Armspitze auftreten und somit alle Nachgiebigkeiten in Reihe geschaltet sind. Die resultierende Winkelabweichung beträgt

$$\Delta\varphi = \frac{M_{Stör}}{c_{res}} \tag{4.57}$$

Bei einer Nachgiebigkeit c_{res} von z.B. $2 \cdot 10^6 \text{Nm} / \text{rad}$ führt ein Störmoment von 100Nm zu einer Abweichung von $5 \cdot 10^{-5} \text{rad}$, entsprechend einem Lagefehler von 0,1mm bei 2m effektiver Armlänge.

Weiterhin weist eine P-Lage-, P-Drehzahlregelung nur eine begrenzte Steifigkeit auf, die sich gemäß

$$c_R = K_v K_p J_g \tag{4.58}$$

abschätzen läßt. Gl. (4.58) gilt näherungsweise für dynamische Störwirkungen, wenn ein I-Anteil in der Drehzahlregelung die stationäre Störsteifigkeit erhöht.

4.8 Zusammenfassung

Kaskadierte Regelungsverfahren sind zur Regelung direkt angetriebener Roboterachsen mit Mehrmassenschwinger-Charakteristik geeignet. Vereinfachend kann ein Dreimassenschwinger-Modell zur Untersuchung einer kaskadierten P-Lage-, PI-Drehzahlregelung benutzt werden. Eine Rückführung der am Motor gemessenen Größen Lage und Drehzahl bewirkt unabhängig von den Regelungsparametern stabiles Regelverhalten, solange die Regelung verzögerungsfrei und zeitkontinuierlich erfolgt. Allerdings treten abhängig von den Streckenparametern Eigenschwingungen geringer Dämpfung auf. In Verbindung mit großen Rückwirkungen der Mechanik auf den Antrieb ist die erreichbare Regelungsbandbreite deutlich begrenzt und ergibt sich aus dem Produkt aus der Kreisfrequenz der ersten Nullstelle und der normierten Geschwindigkeitsverstärkung. Letztere hängt von der relativen Lage der Streckenpole und -nullstellen, und damit von den physikalischen Parametern der Mechanik, ab und überschreitet einen Wert von 0,33 nicht.

Mittels Integralanteil im Drehzahlregelkreis verbessert sich zwar das stationäre Störverhalten, die Ausregelung kann im Interesse hoher dynamischer Bahngenauigkeit, d.h. hoher Geschwindigkeitsverstärkung, allerdings nur mit relativ großer Zeitkonstante erfolgen. Der Einfluß von PT_1-Zeitkonstanten im Regelkreis führt zu einer verringerten Regelungsbandbreite und zu einer Veränderung der für optimales Regelverhalten zu fordernden Streckeneigenwerte. Wird durch eine Geschwindigkeits- und Beschleunigungsvorsteuerung der Schleppabstand bei Achsbewegungen mit konstanter Geschwindigkeit bzw. konstanter Beschleunigung stationär kompensiert, erhöht sich die Amplitude überlagerter Eigenschwingungen. Alternativ können die von der Vorsteuerung herrührenden Nullstellen zur Unterdrückung einer überlagerten Eigenfrequenz eingesetzt werden. Bei dieser Auslegung nimmt der stationäre Schleppabstand der Achsen nur wenig ab. Dank dieses Verfahrens kann aber die Regelung nur bezüglich der ersten Eigenfrequenz überschwingfrei ausgelegt und die überlagerte Schwingung mittels der Vorsteuerung reduziert werden. Es ergibt sich eine höhere Regelungsbandbreite, als wenn die Auslegung bzgl. aller Eigenfrequenzen überschwingfrei erfolgt.

Störeinwirkungen bleiben von der Vorsteuerung unbeeinflußt und können nach wie vor zur Anregung von Eigenschwingungen führen. Näherungsweise läßt sich der Einfluß von Störungen auf die Genauigkeit des TCP anhand einer Reihenschaltung der Nachgiebigkeiten von Regelung und Mechanik bestimmen.

5 Robuste Regelungsauslegung

Im folgenden wird ausschließlich auf den Fall der dominanten Mechanik eingegangen, da diese Verhältnisse typisch für direkt angetriebene Achsen von Knickarmrobotern sind.

Die Herleitungen in Kapitel 4 gelten für konstante Mechanik-Parameter. Diese Randbedingung ist insbesondere für die erste, vertikal angeordnete Achse nicht erfüllt, da gemäß Abschnitt 3.2 das bzgl. der Drehachse wirksame Trägheitsmoment und die Koppelsteifigkeit einer außerhalb der Drehachse nachgiebig angekoppelten Masse vom Abstand dieser Nachgiebigkeit von der Drehachse, und damit von der Stellung des Roboters, abhängt. Weiterhin variiert die Eigenträgheit des Ober- und Unterarms bezüglich der ersten Achse bei unterschiedlichen Roboterstellungen. In der Regelung kann dieser Sachverhalt entweder bei der Wahl konstanter Regelungsparameter berücksichtigt werden, oder es erfolgt eine Nachführung der Parameter in Abhängigkeit von der Roboterstellung. Letztere Methode hat den Vorteil, daß in günstigen Bereichen immer die maximal mögliche Regelungsbandbreite erzielt wird.

5.1 Stellungsabhängigkeit des Streckenverhaltens

Exemplarisch liegt den folgenden Betrachtungen die erste Achse eines Knickarmroboters zugrunde, da sich der Einfluß auf die Regelung direkt angetriebener Roboterachsen so anschaulich darstellen läßt. Ein formales Verfahren zur Herleitung der stellungsabhängigen Bewegungsgleichungen beliebiger Mehrkörpersysteme ist z.B. in /32/ dargestellt.

Eine schematische Darstellung der zugrunde liegenden Knickarmkinematik zeigt Bild 3.5. Mit der Stellung des Roboters verändern sich die Eigenwerte der Roboterachse, vgl. Kapitel 3. Wie in Kapitel 4 hergeleitet, ergibt sich die Geschwindigkeitsverstärkung der Achsregelung aus der relativen Lage der Eigenwerte zueinander, und aus der Kreisfrequenz der ersten Nullstelle. Falls die zweite Nullstelle dicht bei der ersten, oder ein Pol dicht bei einer Nullstelle liegt, beeinflussen die Streckeneigenwerte die Regelungsparameter gemäß Kapitel 4 erheblich, insbesondere, wenn das Kriterium AK1 zur Auslegung herangezogen wird. Außerdem schwankt die Normierungsfrequenz $\omega_{N,1}$ in Abhängigkeit von der Roboterstellung.

Zur Untersuchung der Stellungsabhängigkeit sind zunächst die mechanischen Parameter in Abhängigkeit von der Roboterstellung zu bestimmen. In Bild 3.3 sind die wesentlichen Trägheitsmomente und Nachgiebigkeiten bzgl. der Grundachse dargestellt. Das Trägheitsmoment J_1 des Motors und die Koppelsteifigkeit c_1 zwischen Motor und Achsaufbau hängen nicht von der Roboterstellung ab. Da sowohl der Ober-, als auch der Unterarm in Bild 3.5 Trägheitsmomente aufweisen, variiert das Trägheitsmoment J_2 in Bild 3.3 mit den Achswinkeln β und γ der zweiten und dritten Achse. Zur Vereinfachung der folgenden Untersuchung wird der Winkel der dritten Achse zu $\gamma=0$ angenommen. Damit besteht das Trägheitsmoment J_2 aus den nachstehenden Anteilen:

- Dem Trägheitsmoment $J_{2,0}$ aller nach der Koppelsteifigkeit c_1 zwischen Motor und Achsaufbau, sowie vor dem Oberarm, liegenden mechanischen Teile. Dieses hängt nicht von der Roboterstellung ab.
- Der Eigenträgheit des Oberarms $J_{2,Ob}$ um eine senkrecht durch seinen Schwerpunkt verlaufende Achse, welche von der Orientierung des Oberarms, und damit vom Schwenkwinkel β, abhängt.
- Der Eigenträgheit des Unterarms $J_{2,Un}$ um eine senkrecht durch seinen Schwerpunkt verlaufende Achse.
- Den Steineranteilen der Form mr^2 von Massen, welche am Ober- und Unterarm angebracht sind. Dazu zählen die Schwerpunkte des Oberarms, des Unterarms und des Gegengewichts in der zweiten Achse, weiterhin die Masse der Roboterhand und der Traglast.

Damit weist das Trägheitsmoment eine komplizierte Form auf. Da die Eigenträgheitsmomente $J_{2,Ob}$ und $J_{2,Un}$ in der Regel gering gegenüber $J_{2,0}$ ausfallen, werden die erstgenannten Anteile vernachlässigt. Der effektive Radius r der Steiner-Anteile ist von der Form $r = r_0 \sin\beta$. Daher kann die Summe der Steiner-Anteile in Abhängigkeit von der Robterstellung als

$$J_{2,0,St} \cdot \sin^2\beta$$

geschrieben werden. Daraus resultiert das Trägheitsmoment J_2 zu

$$J_2 = J_{2,0} + J_{2,0,St} \sin^2\beta \qquad (5.1)$$

Die Feder c_2 im Bild 3.3 soll im Unterarm liegen und die Hand mit diesem verbinden. Die Hand ist als punktförmige Masse modelliert. Unter den genannten Voraussetzungen lassen sich unter Berücksichtigung von Gl. (3.2) die effektiven Modellparameter angeben, wenn $c_{2,0} = c_2 L_H^{-2}$ ist:

$$\begin{aligned} c_2 &= c_{2,0} L^2 \\ J_3 &= m_3 L^2 \end{aligned} \tag{5.2}$$

L steht für den Abstand der punktförmig angenommenen Handmasse von der ersten Achse. Es gilt für $\gamma = 0$:

$$L = l_2 \sin\beta + l_3, \tag{5.3}$$

wobei l_2 die Länge des Oberarms, l_3 den Abstand der Handmasse vom Drehpunkt des Unterarms angibt. Daraus ergeben sich die normierten Größen:

$$\begin{aligned} j_M &= \frac{J_1}{m_3} \frac{1}{(l_2 \sin\beta + l_3)^2} \\ j_Z &= \frac{J_{2,0}}{m_3} \frac{1 + \frac{J_{2,0,St}}{J_{2,0}} \sin^2\beta}{(l_2 \sin\beta + l_3)^2} = \frac{J_{2,0,St}}{m_3} \frac{\frac{J_{2,0}}{J_{2,0,St}} + \sin^2\beta}{(l_2 \sin\beta + l_3)^2} \\ c_n &= \frac{c_{2,0}}{c_1} \frac{1}{(l_2 \sin\beta + l_3)^2} \end{aligned} \tag{5.4}$$

Bei Knickarmrobotern ist ein Längenverhältnis

$$\frac{l_3}{l_2} \approx 1 \tag{5.5}$$

typisch. Damit ergibt sich mit der Substitution $x = \sin\beta$ und $j_0 = J_{2,0}/J_{2,0,St}$:

$$\begin{aligned} j_M &= \frac{j_{M,0}}{(1+x)^2} \\ j_Z &= \frac{j_{Z,0}}{(1+x)^2} \left(1 + j_0 \cdot x^2\right) \\ c_n &= c_{n,0} (1+x)^2 \end{aligned} \tag{5.6}$$

Mit wachsendem Schwenkwinkel β, d.h. ansteigendem x, nimmt j_Z ab und die normierte Steifigkeit zu, wenn $J_{2,0} >> J_{2,0,St}$, d.h. $j_0<<1$, gilt. Gemäß Bild 4.12 ändert sich die erste Nullstellenfrequenz mit dem Schwenkwinkel bei kleinen Werten der Trägheit j_Z sehr stark, bei großen Werten dagegen wenig, sofern jeweils $c_n >> 0$ erfüllt ist. Wegen des Normierungsfaktors für $\omega_{N,i}$ in Gl. (4.20) nimmt allerdings die Nullstellenfrequenz mit wachsender Trägheit J_2 ab. Durch einen zusätzlichen stellungsabhängigen Anteil $J_{2,0,St}$ verstärkt sich die Schwankung von $\omega_{N,1}$ gegenüber dem Fall näherungsweise konstanter Trägheit J_2. Günstig im Sinne geringer Änderung der Nullstellenfrequenz ist daher eine gegenüber der Handträgheit dominante stellungsunabhängige Zwischenkörperträgheit bei steifer Ankopplung der Hand an den Unterarm. Das System nähert sich dadurch einer Zweimassenschwinger-Charakteristik an. Allerdings führt diese Auslegung in der Regel zu unerwünscht großem Trägheitsmoment $J_{2,0}$.

Die relative Lage der Eigenwerte zueinander in Abhängigkeit vom Schwenkwinkel β läßt sich gemäß Gl. (4.26) unter Einsetzen von Gl. (5.6) berechnen. Sie beeinflußt die optimale normierte Regelungsbandbreite, wenn die Eigenwerte außerhalb der in Kapitel 4 dargestellten günstigen Bereiche liegen. Bild 5.1 zeigt ein Beispiel für die Variation der Eigenwerte.

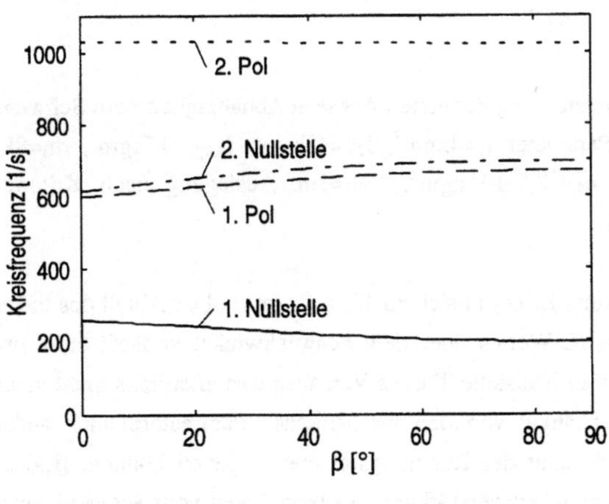

Bild 5.1: Variation der Eigenwerte in Abhängigkeit vom Schwenkwinkel β für die Parameter J_1=4kgm², $J_{2,0}$=48kgm², $J_{2,0,St}$=17kgm², m_3=8kg, $c_1=3{,}88\cdot10^6$ kgm², $c_{2,0}=2{,}5\cdot10^6$ kgm², $l_2=l_3$=1m.

5.2 Stellungsabhängige Regelungsparameter

Optimales Regelverhalten entsteht, wenn aus den in parametrischer Form gemäß Gl. (5.6) vorliegenden Größen gemäß Kapitel 4 die jeweils optimalen Regelungsfaktoren berechnet werden. Bild 5.2 zeigt die Geschwindigkeitsverstärkung für eine Auslegung nach dem Kriterium AK2. Dem Bild liegt das Beispiel von Bild 5.1 zugrunde.

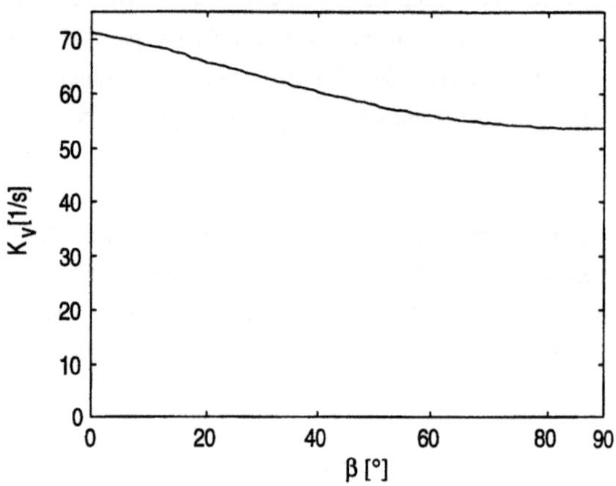

Bild 5.2: Geschwindigkeitsverstärkung der ersten Achse in Abhängigkeit vom Schwenkwinkel β für die Parameter J_1=4kgm^2, $J_{2,0}$=48kgm^2, $J_{2,0,St}$=17kgm^2, m_3=8kg, c_1=3,88·10^6 kgm^2, $c_{2,0}$=2,5·10^6 kgm^2, l_2=l_3=1m. Auslegung nach Kriterium AK2 in Tabelle 4.1.

Die Geschwindigkeitsverstärkung K_v ergibt sich zu $K_v = k_v \cdot \omega_{N,1}$. Der Abfall des in Bild 5.2 dargestellten erreichbaren K_v-Wertes über dem Schwenkwinkel verläuft etwa proportional zur Frequenz der ersten Nullstelle. Dieses Verhalten darf allerdings nicht verallgemeinert werden, da sich abhängig von den mechanischen Parametern auch andere Verläufe der Eigenwerte, und damit der Regelungsfaktoren, ergeben können. Bild 5.3 zeigt den Verlauf der Geschwindigkeitsverstärkung in Abhängigkeit vom Schwenkwinkel für veränderte Mechanik-Parameter. Dabei erfolgt die Auslegung nach dem Kriterium AK1 bzw. AK2. Ursache für den Verlauf der Kurven ist eine bei kleinen Schwenkwinkeln sehr dicht an der ersten Nullstelle liegende erste Eigenfrequenz. Für Winkel von β oberhalb etwa 45° wandert die erste Eigenfrequenz dicht an die zweite Nullstelle, so daß für eine Auslegung AK1 keine höhere Geschwindigkeitsverstärkung realisierbar ist. Durch Anwendung des Kriteriums AK2 ergibt sich dagegen ein weiterer Anstieg des K_v-Wertes, weil die geringe Dämpfung der hohen Eigenfrequenz bei der Regelungsauslegung nach AK2 unberücksichtigt bleibt. Die kleinste Geschwindigkeitsverstärkung tritt für β=0° auf.

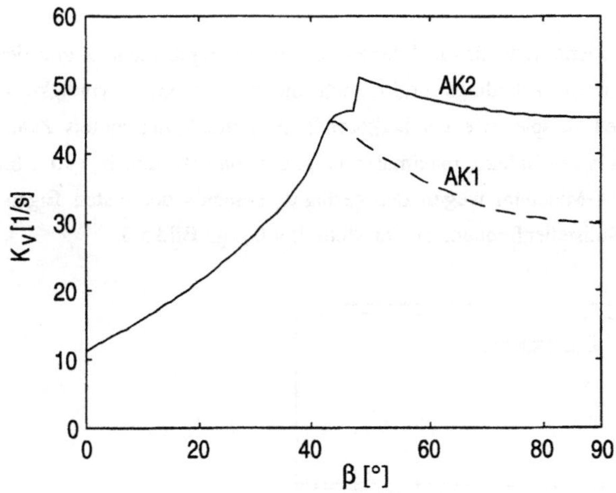

Bild 5.3: Geschwindigkeitsverstärkung der ersten Achse in Abhängigkeit vom Schwenkwinkel β für die Parameter J_1=20kgm², $J_{2,0}$=48kgm², $J_{2,0,St}$=35kgm², m_3=8kg, c_1=3,88·10⁶ kgm², $c_{2,0}$=0,28·10⁶ kgm², l_2=l_3=1m. Auslegung: AK1 (--) bzw. AK2 (—).

Bei der praktischen Umsetzung des Verfahrens ist ein hoher Inbetriebnahme-Aufwand zu berücksichtigen. Zum einen müssen die stellungs- und lastabhängigen Parameter bestimmt werden, um die optimalen Regelungsfaktoren zu berechnen. Zum anderen entsteht online Aufwand bei der Auswahl der aktuellen Regelungsparameter z.B. aus Tabellen.

5.3 Stellungsunabhängige Regelungsparameter

Eine konstante, stellungsunabhängige Regelungsparametrierung stellt eine suboptimale Lösung dar. Dafür entfällt der Online-Aufwand zur Bestimmung der aktuellen Parameter.

Die Regelungseinstellung muß robust gegen die auftretenden Parameterschwankungen erfolgen. Diese ergibt sich für das Minimum der Geschwindigkeitsverstärkung über alle Roboterstellungen. Bild 5.4 und 5.5 zeigt die sich in der Regelung ergebenden entnormierten Realteile der Eigenwerte über dem Schwenkwinkel β. Dabei sind die Regelungsparameter unabhängig vom Schwenkwinkel konstant gehalten. Den Bildern liegen die Beispiele nach Bild 5.2 bzw. 5.3 zugrunde.

In beiden Fällen wird das Kriterium für die Realteile der ersten Eigenfrequenz und des reellen Pols gut eingehalten. Allerdings ergibt sich die kleinste Geschwindigkeitsverstärkung nur im ersten Beispiel wie bei herkömmlicher Betrachtung mittels Zweimassenschwinger-Modell in der Stellung maximalen Trägheitsmoments, d.h. $\beta = 90°$. Im zweiten Beispiel liegt das Minimum wegen des geringen Abstands der ersten Eigenfrequenz von der ersten Nullstellenfrequenz an der Stelle $\beta = 0$, vgl. Bild 5.3.

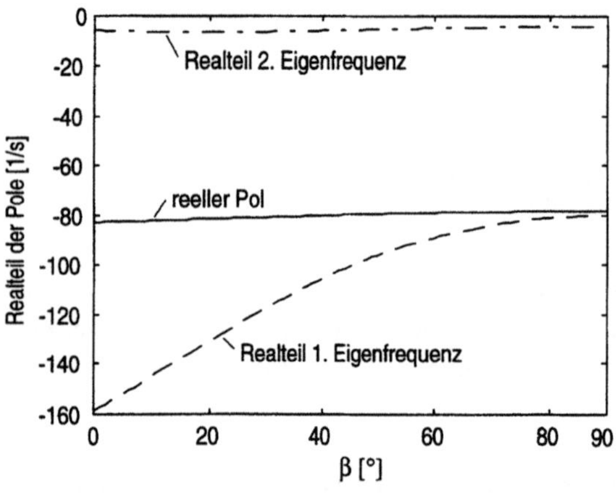

Bild 5.4: Realteile der Eigenwerte für die mit K_v=53s^{-1}, K_p=210s^{-1} robust geregelte Achse unter Variation des Schwenkwinkels β. Mechanische Parameter s. Bild 5.2. Reeller Pol (—), Realteil der ersten (--) und zweiten (-·) Eigenfrequenz.

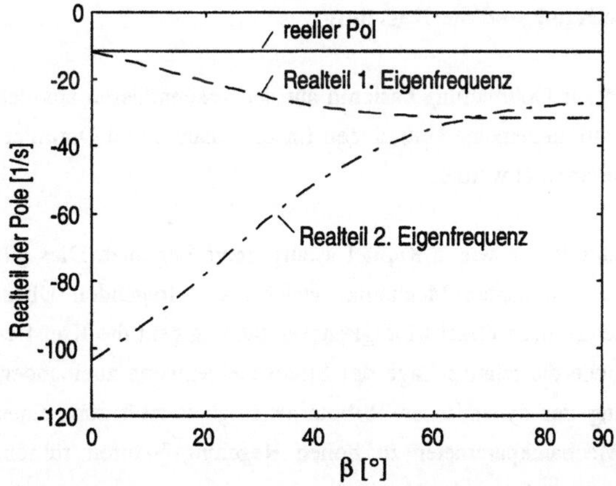

Bild 5.5: **Realteile der Eigenwerte für die mit K_v=11s^{-1}, K_p=260s^{-1} robust geregelte Achse unter Variation des Schwenkwinkels β. Mechanische Parameter s. Bild 5.3. Reeller Pol (—), Realteil der ersten (--) und zweiten (-·) Eigenfrequenz.**

6 Optimierung der Mechanik und der Regelung

Die folgenden Untersuchungen zur Optimierung basieren auf den Erkenntnissen aus den Kapiteln 4 und 5, während in /46/ allgemeine Grundlagen für die Analyse und Optimierung von Mehrkörpersystemen erarbeitet werden.

Die erreichbare Regelungsbandbreite ist, wie in Kapitel 4 aufgezeigt, begrenzt. Dies gilt insbesondere für den Fall der dominanten Mechanik, welcher den folgenden Überlegungen zugrunde liegt. In die optimale Geschwindigkeitsverstärkung geht die Kreisfrequenz der ersten Nullstelle, sowie die relative Lage der Streckeneigenwerte zueinander, ein. Zur weiteren Verbesserung der dynamischen Robotergenauigkeit muß zum einen untersucht werden, welche Mechanikparameter zu hohen Regelungsfaktoren führen. Gleichzeitig ist die Amplitude evtl. auftretender überlagerter Schwingungen an der Armspitze zu berücksichtigen. Falls die Mechanik nicht im gewünschten Maß verändert werden kann, besteht zum anderen prinzipiell die Möglichkeit, die Regelung zu verbessern, indem unerwünschte Streckeneigenwerte durch kompensierende Pol-/Nullstellenglieder in der Regelung an günstigere Lagen verschoben werden. Bei dieser Betrachtung müssen die Schwankungen der Streckeneigenwerte gemäß Kapitel 5 beachtet werden. In Verbindung mit solchen Kompensatorgliedern in der Regelung bleibt zu untersuchen, ob eine Regelung der Lage und Geschwindigkeit an der Armspitze Verbesserungen gegenüber der Regelung der Motorgrößen bewirkt.

6.1 Optimierung der Mechanik

Die erreichbare Regelungsbandbreite ergibt sich gemäß Kapitel 4 aus den zwei Faktoren

- Nullstellenkreisfrequenz, und
- Verteilung der Eigenwerte.

Die Nullstellenkreisfrequenz hängt nur von den Parametern c_1, c_2, J_Z und J_A ab. Ausgehend von zwei festliegenden mechanischen Parametern, und zwar einer Steifigkeit und einem Trägheitsmoment, kann anhand der Bilder 4.12 bis 4.16 überprüft werden, in welche Richtung die jeweils andere Steifigkeit und Trägheit verändert werden muß, um eine höhere Nullstellenfrequenz zu erhalten. Dabei darf das zweite Nullstellenpaar nicht zu dicht an das erste rücken, d.h. es soll $\Omega_N \geq 2{,}5$ gelten. Für konstante Trägheit J_Z und

Steifigkeit c_l liegen beispielsweise günstige Parameter bei $j_Z \approx 2{,}5$ und $c_n \approx 2$. Eine Variation von j_Z im Bereich $j_Z \in [2;3]$ führt zu einer Veränderung der Nullstellenfrequenz um etwa $\pm 5\%$, zeigt also geringen Einfluß.

Eine sehr große Rolle spielt dagegen die Verteilung der Eigenwerte, da sie, wie z.B. aus Bild 4.10 ersichtlich, zu normierten Geschwindigkeitsverstärkungen von dicht bei Null bis hin zu etwa 0,3 führt. Besonders gering fällt die Regelungsbandbreite aus, wenn ein bzgl. aller Eigenfrequenzen überschwingfreies Verhalten gefordert wird und eine Eigenfrequenz dicht an einer Nullstelle liegt. Wird, ausgehend von vorigem Beispiel, d.h. $j_Z \approx 2{,}5$, die normierte Steifigkeit variiert und jeweils die für die resultierende Eigenwertverteilung gültige, auf die erste Nullstellenkreisfrequenz normierte Geschwindigkeitsverstärkung bei überschwingfreiem Verhalten bzgl. aller Eigenfrequenzen aufgetragen, ergibt sich die durchgezogene Kurve in Bild 6.1.

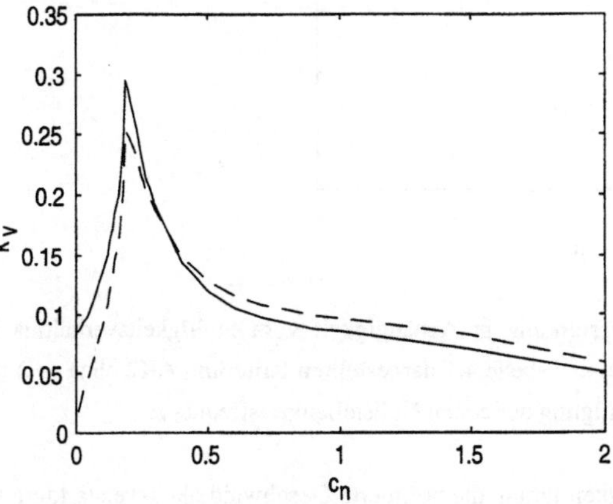

Bild 6.1: Normierte Geschwindigkeitsverstärkung in Abhängigkeit vom Steifigkeitsverhältnis bei Auslegung nach dem in Tabelle 4.1 dargestellten Kriterium AK1 ohne (—) und mit (--) Berücksichtigung der ersten Nullstellenkreisfrequenz.

Vor dem Maximum der normierten Geschwindigkeitsverstärkung liegt der erste Pol dicht an der ersten Nullstelle. Der Abfall nach dem Maximum entsteht dadurch, daß der erste Pol dicht an der zweiten Nullstelle liegt.

Die Kreisfrequenz der ersten Nullstelle steigt zwar zu größerem Steifigkeitsverhältnis c_n hin an, kompensiert den starken Abfall aufgrund der ungünstigen Anordnung der Eigenwerte allerdings nicht, wie der in Bild 6.1 gestrichelt gezeichnete Verlauf des Produkts aus normierter Geschwindigkeitsverstärkung und gemäß Gl. (4.20) normierter Nullstellenkreisfrequenz $k_v \cdot \omega_{N,1,n}$ zeigt. Die gestrichelte Kurve gilt für $c_1 = \text{const.}$ Das k_v-Optimum liegt bei $c_2 \approx 0{,}2 \cdot c_1$. Günstigere Verhältnisse entstehen unter Anwendung des Auslegungskriteriums AK2, Bild 6.2.

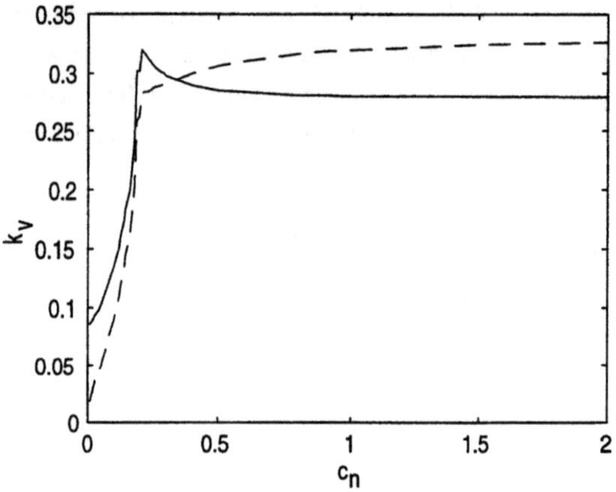

Bild 6.2: Geschwindigkeitsverstärkung in Abhängigkeit vom Steifigkeitsverhältnis bei Auslegung nach dem in Tabelle 4.1 dargestellten Kriterium AK2 ohne (—) und mit (- -) Berücksichtigung der ersten Nullstellenkreisfrequenz.

Oberhalb der optimalen Steifigkeit nimmt die normierte Geschwindigkeitsverstärkung nur gering ab, unter Berücksichtigung der steigenden Nullstellenfrequenz sogar leicht zu. Allerdings entstehen in diesem Parameterbereich in der Armspitzenposition überlagerte Schwingungen, deren auf die erste Nullstellenkreisfrequenz normierte Amplitude bei rampenförmigen Sollwerten in Bild 6.3 dargestellt ist.

Für Steifigkeitsverhältnisse unter $c_n \approx 0{,}2$ erfüllt die Auslegung gemäß Kriterium AK2 gleichzeitig das Kriterium AK1, d.h. es treten keine überlagerten Schwingungen auf. Eine Erhöhung der Geschwindigkeitsverstärkung in diesem Steifigkeitsbereich über die in Bild 6.2 aufgetragene Grenze führt dazu, daß das niederfrequente Polpaar in der komplexen s-Ebene rechts von dem betragsmäßig kleinsten reellen Pol zu liegen kommt und damit das

Kriterium AK2 verletzt, während das höherfrequente Polpaar links von dem betragsmäßig kleinsten reellen Pol bleibt. Bei der vorgenannten Grenze $c_n \approx 0{,}2$ liegt das höherfrequente Polpaar rechts vom betragsmäßig kleinsten reellen Pol und weist eine Frequenz auf, die jene des niederfrequenten Polpaars nur knapp übersteigt. Dadurch entstehen überlagerte Schwingungen großer Amplitude. Diese Schwingungen nehmen mit wachsendem Steifigkeitsverhältnis c_n ab, weil damit die Schwingfrequenz ansteigt.

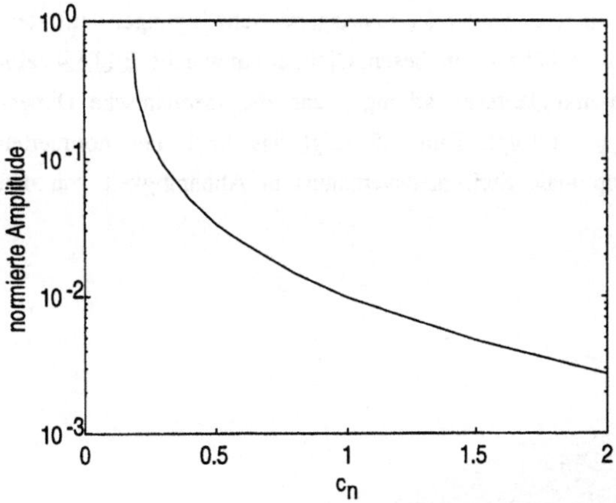

Bild 6.3: Amplitude überlagerter Schwingungen bei rampenförmigen Sollwerten für Regelungsparametrierung nach Bild 6.2. Unterhalb c_n=0,19 treten keine überlagerten Schwingungen auf.

Vorstehende Betrachtungen führen zu zwei alternativ anwendbaren Dimensionierungsregeln:

- entweder wird genau das Steifigkeitsverhältnis eingestellt, bei dem sich für eine Auslegung gemäß Kriterium AK1 die maximale Geschwindigkeitsverstärkung ergibt, R1, oder
- es wird ein großes Steifigkeitsverhältnis eingestellt und nach Kriterium AK2 ausgelegt, wobei die Amplitude der auftretenden überlagerten Schwingungen wegen des großen Steifigkeitsverhältnisses gering bleibt, R2.

Für diese beiden Regeln ist die Frage zu untersuchen, bei welchen Werten die günstigen Steifigkeitsverhältnisse in Abhängigkeit der normierten Trägheitsmomente liegen, welche optimalen Geschwindigkeitsverstärkungen erreicht werden, und wann welche Regel zu bevorzugen ist.

Im ersten Fall darf das z.B. dem Bild 6.1 zu entnehmende optimale Steifigkeitsverhältnis in der Regel nur geringfügig schwanken, da sonst bei für das Nominalsystem bestimmten Regelungsparametern Überschwingen und / oder überlagerte Schwingungen auftreten, wenn das tatsächliche Steifigkeitsverhältnis von diesem Optimum abweicht. Bild 6.4 zeigt die erreichte maximale Geschwindigkeitsverstärkung, wenn die mechanische Dimensionierung anhand von Bild 6.5 erfolgt. Bild 6.5 zeigt das bzgl. der normierten Geschwindigkeitsverstärkung optimale Steifigkeitsverhältnis in Abhängigkeit von den normierten Trägheiten.

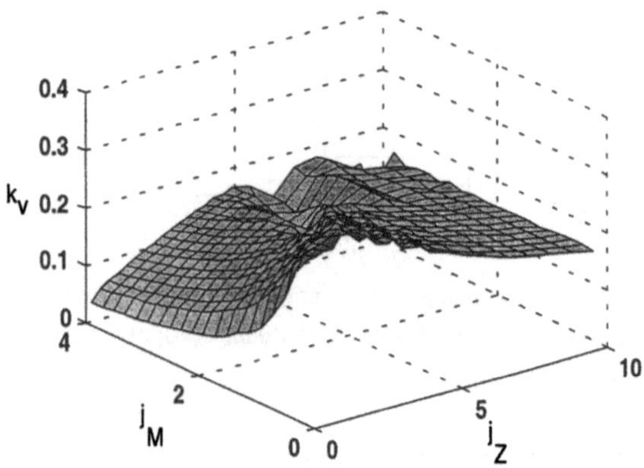

Bild 6.4: Optimale Geschwindigkeitsverstärkung bei Auslegung nach Kriterium AK1 und optimalem Steifigkeitsverhältnis gemäß Bild 6.5.

Eine hohe Regelungsbandbreite ergibt sich im Wertebereich

$$j_Z < 2{,}5\,,\ j_M < 0{,}8\,. \tag{6.1}$$

Dabei liegt c_n im Intervall $[0{,}17;0{,}5]$. Günstig sind kleine Werte für j_M und j_Z, weil sich dort ein relativ breiter Bereich der normierten Steifigkeit mit hoher Geschwindigkeitsverstärkung befindet, Bild 6.4. Das bedeutet, daß die Armträgheit deutlich größer als die Motor- und Zwischenkörperträgheit ausfallen muß. Allerdings entsteht durch eine hohe Armträgheit eine sehr große Stellungsabhängigkeit der Eigenwerte. Außerdem nimmt die Kreisfrequenz der ersten Nullstelle mit wachsendem Armträgheitsmoment ab.

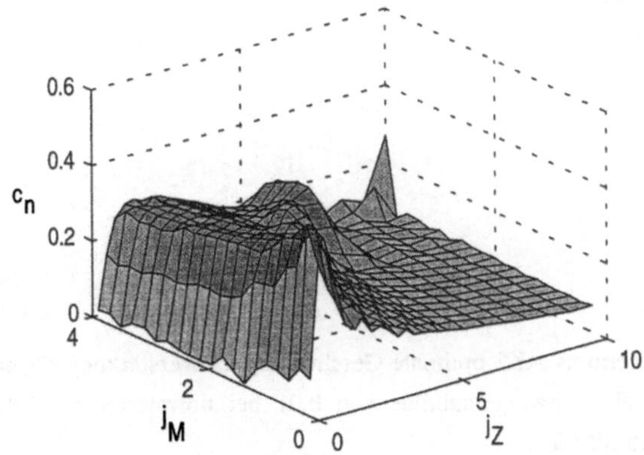

Bild 6.5: Im Sinne maximaler Geschwindigkeitsverstärkung optimales Steifigkeitsverhältnis in Abhängigkeit der Trägheitsmomentenverhältnisse für das Auslegungskriterium AK1.

Die zweite Regel führt unter der Annahme, daß eine normierte Schwingamplitude von 0,01 zulässig ist, zu dem in Bild 6.6 dargestellten Verlauf optimaler Geschwindigkeitsverstärkung. Dazu ist mindestens ein Steifigkeitsverhältnis nach Bild 6.7 notwendig.

Durch das Zulassen überlagerter Schwingungen vergrößert sich der günstige Bereich für die mechanischen Parameter beträchtlich. Der optimale k_v-Faktor beträgt für die nachstehenden Trägheitsverhältnisse mindestens 0,25:

$$j_Z \geq \frac{4j_M - 2}{3} \quad \text{für } j_Z > 1{,}5, \tag{6.2a}$$

$$\text{bzw. } j_M \leq 0{,}5, \quad j_Z \leq 1{,}5. \tag{6.2b}$$

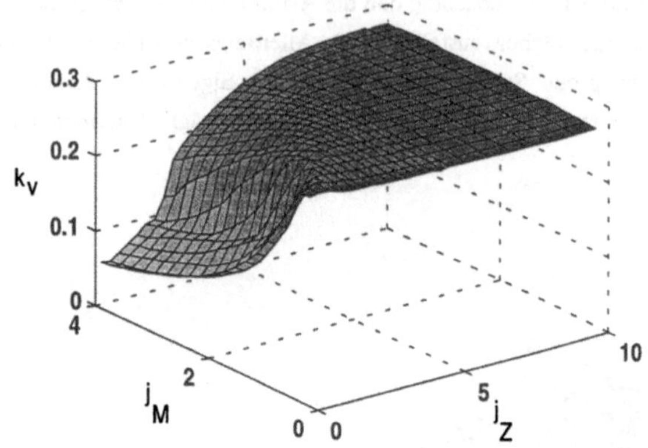

Bild 6.6: Im Sinne des Kriteriums AK2 optimale Geschwindigkeitsverstärkung für eine normierte maximale Schwingamplitude von 0,01 bei normierter Steifigkeit mindestens gemäß Bild 6.7.

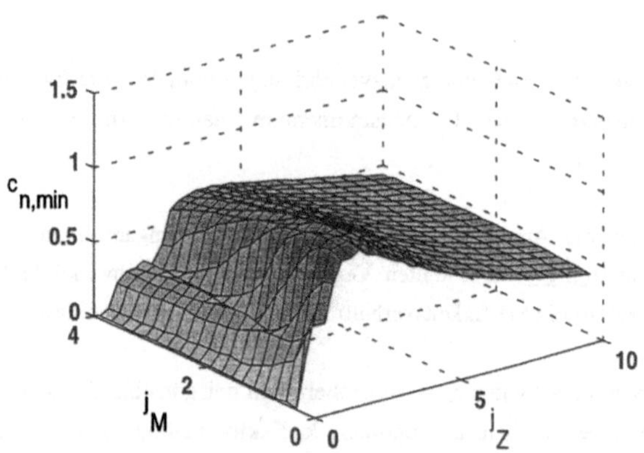

Bild 6.7: Minimales Steifigkeitsverhältnis, bei dem überlagerte Schwingungen die normierte Amplitude 0,01 nicht überschreiten.

Wird eine um einen Faktor 10 geringere Schwingamplitude gefordert, ergeben sich die in Bild 6.8 und 6.9 gezeigten Verläufe der normierten Geschwindigkeitsverstärkung und des Steifigkeitsverhältnisses.

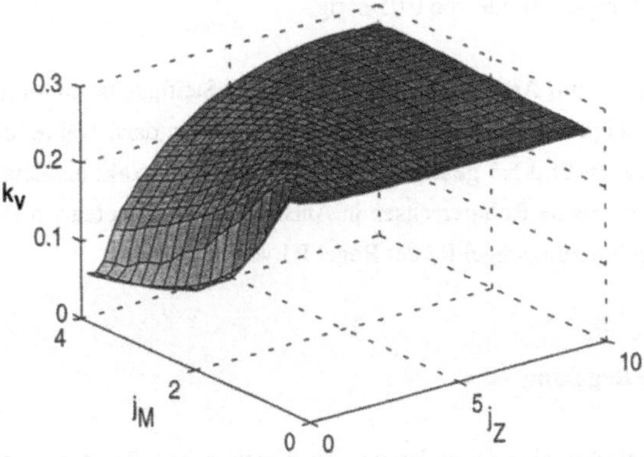

Bild 6.8: Im Sinne des Kriteriums AK2 optimale Geschwindigkeitsverstärkung für eine maximale normierte Schwingamplitude von 0,001 bei normierter Steifigkeit mindestens gemäß Bild 6.9.

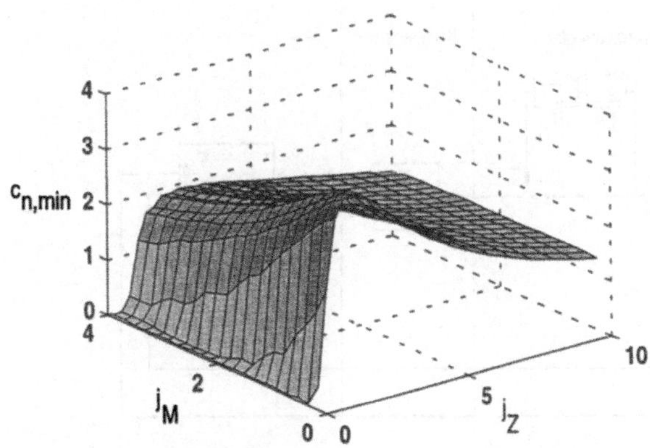

Bild 6.9: Minimales Steifgkeitsverhältnis, bei dem überlagerte Schwingungen die normierte Amplitude 0,001 nicht überschreiten.

Die maximal erreichbare Geschwindigkeitsverstärkung weicht nur geringfügig von dem in Bild 6.6 für eine zulässige Amplitude von 0,01 gezeigten Verlauf ab. Für den Bereich, in dem der k_v einen Wert von 0,25 übersteigt, gilt die Ungleichung (6.2a) bereits ab $j_Z > 0{,}5$. Allerdings sind um einen Faktor von ca. 2,5 bis 4 höhere Steifigkeitsverhältnisse als bei einer zulässigen Schwingamplitude von 0,01 nötig.

Die Auslegung nach dem Kriterium AK2 hat den Vorteil, daß das Steifigkeitsverhältnis c_n die in Bild 6.7 bzw. 6.9 gezeigte Grenze lediglich nicht unterschreiten darf, während bei der Auslegung nach AK1 das in Bild 6.5 gezeigte Verhältnis möglichst exakt einzuhalten ist. Daher ist für direkt angetriebene Roboterachsen in Anbetracht der auftretenden Parameterschwankungen die Optimierungsregel R2 der Regel R1 vorzuziehen.

6.2 Optimierung der Regelung

Falls aus konstruktiven Gründen eine Optimierung der mechanischen Parameter nach Abschnitt 6.1 nicht oder nur teilweise möglich ist, können durch gezielte Pol-/Nullstellenkombinationen eines der Strecke vorgeschalteten Kompensators ungünstige Streckeneigenwerte verschoben werden, Bild 6.10. Dieser Kompensator verändert das Verhalten der Regelung, da er innerhalb der Regelschleife liegt.

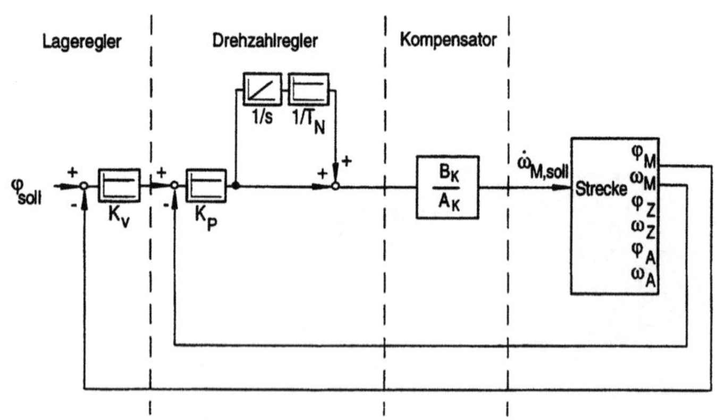

Bild 6.10: Regelung mit Kompensator.

Die mechanischen Parameter schwanken in Abhängigkeit von der Roboterstellung, vgl. Kapitel 5. Grundsätzlich kann die Kompensation entweder

- stellungsabhängig, oder
- stellungsunabhängig

ausgeführt sein. Bei stellungsunabhängiger Kompensation liegen die Pole und Nullstellen, welche sich kompensieren sollen, in ungünstigen Roboterstellungen weit auseinander, vgl. Bild 5.1, und vermindern die Wirkung des Kompensators, so daß dieses Verfahren nur für Achsen mit geringen Parameterschwankungen Verbesserungen erwarten läßt. Bei einem stellungsabhängigen Kompensatorglied werden die Kompensatoreigenwerte mit der Roboterstellung nachgeführt und liegen daher immer dicht an den zu kompensierenden Streckeneigenwerten. Allerdings erfordert dieses Verfahren einen hohen Inbetriebnahmeaufwand und setzt voraus, daß sich die Eigenwerte in derselben Stellung immer gleich ergeben.

Bei einer stellungsabhängigen Kompensation ungünstiger Pole und/oder Nullstellen erfolgt die Auslegung für jede einzelne Roboterstellung und im allgemeinen Fall für jede Traglast. Die zusätzlich eingeführten Nullstellen bleiben auch in der Übertragungsfunktion von der Motorbeschleunigung zur Armlage oder -geschwindigkeit erhalten, während die beiden Nullstellenpaare der Strecke nur in der Übertragungsfunktion zu den Motorgrößen vorkommen und damit in deren Nähe liegende Pole der Regelung zu Schwingungen in der Armlage führen können. Durch Kompensator-Nullstellen in der Nähe dieser Pole läßt sich ihre Schwingamplitude verringern. Da die hierfür notwendigen differenzierenden Glieder in der Praxis nie exakt realisiert werden können, muß der Kompensator zusätzliche Pole aufweisen, welche bzgl. der Eigenwertverteilung optimal plaziert werden. Bei der Regelung auf Motorgrößen müssen die Eigenwerte von Kompensator und Strecke für ein stabiles Regelverhalten die Reihenfolge nach Gl. (4.14) einhalten.

Die Wirkung eines Kompensators in der Regelung wird im folgenden anhand eines Beispiels untersucht. Die Übertragungsfunktion des Dreimassenschwingers soll neben einem reellen Doppelpol konjugiert komplexe Pole P und Nullstellen Z aufweisen, welche bei

$$Z = \{\pm j;\quad \pm 2j\} \text{ und } P = \{\pm 1{,}9j;\quad \pm 3j\} \tag{6.3}$$

liegen sollen. Die Eigenwerte ergeben sich aus Gl. (3.13) und (3.14) unter Normierung auf die Kreisfrequenz der ersten Nullstelle.

Die Pole $\pm1{,}9j$ sind dicht an den bei $\pm2j$ liegenden Nullstellen und bewirken eine überlagerte Schwingung, wenn die Auslegung für bzgl. der ersten Eigenfrequenz überschwingfreies Verhalten erfolgt. Die durch den Kompensator veränderte Regelstrecke weist sowohl die Pole und Nullstellen des Dreimassenschwingers, als auch des Kompensators, auf. Verbesserungen im Regelverhalten ergeben sich, wenn die Kompensatornullstellen die Pole bei $\pm1{,}9j$ sehr genau auslöschen, d.h. $Z_K = \{\pm1{,}9j\}$, und dafür Pole $P_K = \{\pm1{,}5j\}$ aufweisen. Eine exakte Pol-/ Nullstellenkompensation ist in der Regel nicht realisierbar. Deshalb listet Tabelle 6.1 die normierte Geschwindigkeitsverstärkung, sowie die Frequenzen, Dämpfungen und Residuen überlagerter Schwingungen, für verschiedene Kompensatornullstellen auf. Zum Vergleich sind die Werte für eine Regelung ohne Kompensator, d. h. $B_K/A_K=1$, angegeben.

Kompensator-Nullstelle bei	k_v	Kreisfrequenz der Schwingung(en)	relative Dämpfung(en)	Residuum für Einheits-rampe
ohne Kompensator	0,280	1,99	0,02	0,023
±1,89j	0,297	1,89/1,90	0,17/0,002	(0,05)/0,001
±1,71j	0,292	1,66/1,95	0,06/0,03	0,032/0,025

Tabelle 6.1: Eigenwerte ohne Kompensator und bei verschiedenen Kompensator-Nullstellen

Eine Abweichung der Kompensatornullstelle von etwa 1% führt zu zwei Eigenfrequenzen der geregelten Strecke, wobei sich die gut gedämpfte Eigenfrequenz nicht auf die Achse auswirkt, weil ein reeller Pol rechts davon, d.h. mit betragsmäßig kleinerem Realteil, exisitiert. Die schwach gedämpfte Eigenfrequenz weist ein um Faktor 23 kleineres Residuum als die Regelung ohne Kompensator auf, so daß das Kompensatorglied bei gleichzeitig geringfügig erhöhter Regelungsbandbreite die Amplitude überlagerter Schwingungen in der Armlage deutlich verringert. Durch eine Abweichung der Kompensator-Nullstelle von 10% erhöhen sich die überlagerten Schwingungen um einen Faktor von 2,5 gegenüber der Regelung ohne Kompensation, d.h. ein ungenau abgeglichenes Kompensatorglied verschlechtert das Regelverhalten gegenüber dem Fall ohne Kompensator erheblich.

Wegen der notwendigen Reihenfolge der Eigenwerte nach Gl. (4.14) muß die Kompensator-Nullstelle immer etwas kleiner als der kleinstmögliche Wert des zu kompensierenden Pols sein. Ein Kompensator bewirkt nur bei sehr stabiler Lage des Streckenpols, bzw. sehr genau nachgeführter Kompensatornullstelle, eine Verbesserung des Regelverhaltens. Unter Berücksichtigung der an einem Knickarmroboter zu erwartenden Parameterschwankungen und -ungenauigkeiten führt daher ein Pol-/ Nullstellenkompensator zu keiner signifikanten Verbesserung des Regelverhaltens.

Aus diesem Grund ist zu untersuchen, ob sich eine bessere Wirkung eines der Strecke vorgeschalteten Kompensators ergibt, wenn die Regelung auf die Größen der Armspitze erfolgt, d. h. in Bild 6.10 werden die Größen φ_A und ω_A statt der Motorgrößen zurückgeführt. Ohne zusätzliche Kompensatornullstellen entsteht bereits bei geringer Verstärkung im Drehzahlregelkreis instabiles Verhalten, vgl. Abschnitt 4.1. Durch zusätzliche Kompensatornullstellen ergeben sich folgende Vorteile für die Regelung der Armgrößen:

- es entsteht stabiles Verhalten der Regelung,
- Eigenwertverteilungen lassen sich realisieren, welche gemäß Kapitel 4 hohe Regelungsbandbreiten erlauben, da die Nullstellen der Regelung beliebig gewählt werden können, und
- die Nullstellen wirken auch in der Übertragungsfunktion zur Armlage, so daß evtl. auftretende schwach gedämpfte Pole in der Nähe der Nullstellen durch diese in ihrer Schwingamplitude verringert werden.

Allerdings müssen die Armlage und -drehzahl für die Regelung gemessen werden. Hierzu sind bisher keine wirtschaftlich vertretbaren Verfahren bekannt.

Es wird wieder das System mit konjugiert komplexen Polen gemäß Gl. (6.3) betrachtet. Da nun die Armgrößen zur Regelung verwendet werden, weist die Strecke selbst keine Nullstellen auf. Stattdessen wirken die Nullstellen Z_K des Kompensators, welche zu

$$Z_K = \{\pm 1{,}3j;\quad \pm 2.5j\} \tag{6.4}$$

gewählt werden. Damit ergibt sich in der Regelung ein k_v von 0,347. Die normierte Geschwindigkeitsverstärkung überschreitet die in Kapitel 4 ermittelte Obergrenze von 0,33, weil hier die erste in der Regelung wirksame Nullstelle bei 1,3 liegt. Das Residuum der in der Armlage überlagerten Schwingung beträgt 0,013, d.h. trotz der um 25% höheren

Geschwindigkeitsverstärkung hat es sich gegenüber der unkompensierten Regelung auf Motorgrößen, Tabelle 6.1, halbiert. Gleichzeitig hat sich die Frequenz der überlagerten Schwingungen auf etwa 2,6, die relative Dämpfung auf 0,1, erhöht. Die praktische Realisierung der Nullstellen erfordert zusätzlich eine Einführung von Polen. Im Beispiel erweisen sich die Pole

$$P_K = \{-7{,}8 \pm 7{,}8j; \quad -15 \pm 15j\} \tag{6.5}$$

als zweckmäßig. Bild 6.11 zeigt die Eigenwerte für $k_v = 0{,}349$. Weitere Eigenwerte liegen links und oberhalb des gezeigten Ausschnitts aus der komplexen s-Ebene. Der Einfluß der zusätzlichen Kompensatorpole nach Gl. (6.5) auf die Regelung ist gering.

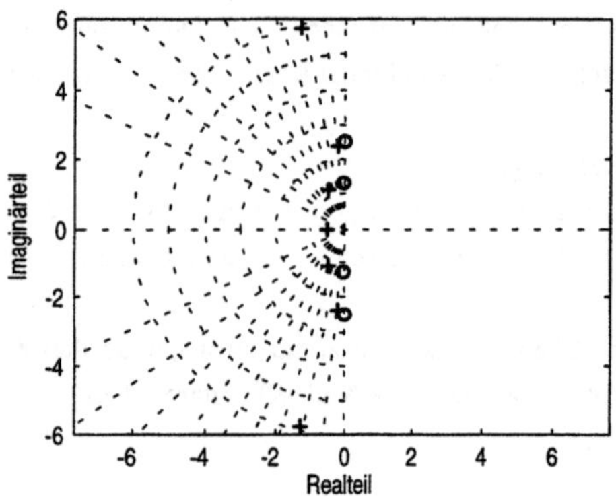

Bild 6.11: Eigenwerte der Lageregelung bei Regelung der Armgrößen und der Strecke vorgeschaltetem Kompensator.

7 Praxisbeispiel

Die gemäß vorstehenden Herleitungen erzielten Ergebnisse werden exemplarisch durch Messungen und praktische Erprobungen an einem fünfachsigen Knickarmroboter überprüft, welcher in den ersten drei Grundachsen mit Direktantrieben ausgerüstet ist.

7.1 Aufbau und Daten des untersuchten Roboters

Der Einsatz von Direktantrieben beeinflußt die Konstruktion des Roboters erheblich. Bild 7.1 zeigt eine Konstruktionsskizze. Der Roboter weist eine typische Knickarmkinematik mit einer vertikal angeordneten Dreh-, sowie zwei folgenden, zueinander parallelen Schwenkachsen auf. Diese drei Hauptachsen werden direkt angetrieben. Die Daten des Roboters zeigt Tabelle 7.1.

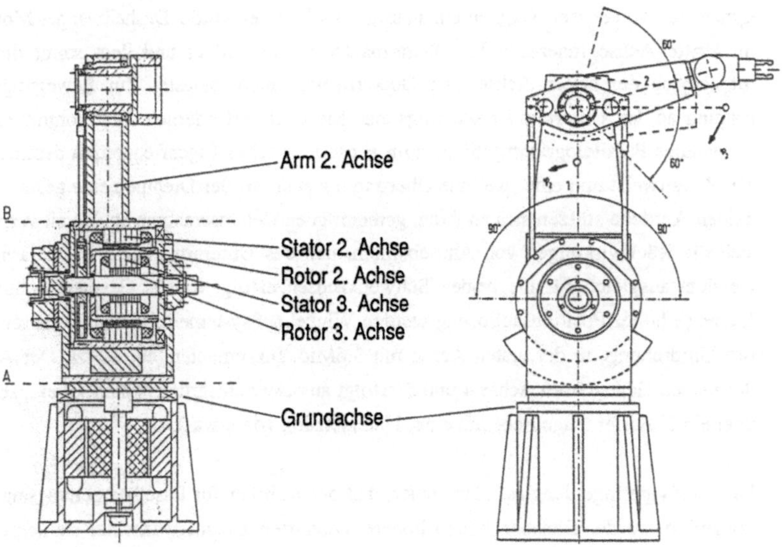

Bild 7.1: Konstruktionsskizze des Direktantriebsroboters

Armlänge Oberarm	770 mm
Armlänge Unterarm	750 mm
Arbeitsradius	> 1,5 m
Bahngeschwindigkeit	2 m/s
Bahnbeschleunigung im ges. Arbeitsraum	10 m/s2
Traglast	2 kg

Tabelle 7.1: Daten des Roboters

Der Antrieb für den Unterarm baut groß und wiegt schwer, weil sich in erster Näherung der Bauraum eines elektrischen Antriebs proportional zu seinem Moment verhält. Damit verbietet sich eine Anordnung im Gelenk zwischen Ober- und Unterarm, weil hierdurch der Oberarm sowohl statisch durch das Gewichtsmoment des Unterarmantriebs, als auch dynamisch von dessen Trägheit unzulässig stark belastet würde. Deshalb ist der Motor für die dritte Achse innerhalb des Oberarmantriebs angeordnet und liegt somit dichtestmöglich an der ersten Achse. Der Oberarm wird nicht belastet. Zur Bewegungsübertragung an den Unterarm ist allerdings eine Mechanik erforderlich. Hier kommt ein vorgespanntes Parallelogrammgetriebe zum Einsatz, welches Eigenfrequenzen deutlich über 100Hz aufweist und eine spielfreie Übertragung auch großer Drehmomente gestattet. Die beiden Antriebe stützen sich an ihrem gemeinsamen Gehäuserahmen ab. Damit verringern sich die Rückwirkungen von Antriebsmomenten des Unterarms auf den Oberarm. Der Gewichtsausgleich für die beiden Schwenkachsen erfolgt mittels Gegengewichten. Im Interesse hoher Positionsauflösung werden Winkelmeßsysteme mit 720.000 Inkrementen pro Umdrehung, in der ersten Achse mit 3,6Mio. Inkrementen, eingesetzt. Der Antrieb der beiden Handachsen Achse 4 und 5 erfolgt aus Gewichtsgründen nicht direkt, sondern über ein Zahnriemengetriebe mit einer Untersetzung von etwa 2,4.

Die relativ geringe Traglast rührt daher, daß der Roboter für Laserbearbeitungsaufgaben konzipiert wurde. Daneben führen höhere Traglasten zu unerwünschter stärkerer statischer Beanspruchung der Antriebe. Die Arme sind im Interesse hoher Eigenfrequenzen sehr steif ausgeführt. Bild 7.2 zeigt eine Fotographie des Roboters. Die tiefste Eigenfrequenz liegt bei ca. 80Hz. Zur Beschleunigung des Roboters sind wegen der Trägheitsmomente in der Größenordnung von 60..90kgm^2 insbesondere für die ersten beiden Achsen hohe Antriebsmomente notwendig, Tabelle 7.2.

Achse	Spitzenmoment	max. Geschwindigkeit	max. Beschleunigung
1	1.400 Nm	200°/s	1.000°/s²
2	1.000 Nm	200°/s	1.000°/s²
3	360 Nm	360°/s	2.200°/s²
4	10 Nm	1.000°/s	20.000°/s²
5	10 Nm	1.000°/s	35.000°/s²

Tabelle 7.2: Antriebsdaten

Bild 7.2: Foto des Direktantriebsroboters

7.2 Regelungs- und Steuerungssystem

Zur Erzeugung von Bahnbewegungen im Raum ist eine Robotersteuerung erforderlich, welche Bewegungsprogramme in einer Hochsprache, wie z.B. IRL /47/ oder BAPS, interpretiert, und die Berechnung der Bahnpunkte im Raum, sowie deren Transformation in Achskoordinaten durchführt /48/. Wegen der begrenzten Rechenleistung des auf dem Motorola-Prozessor 68040 basierenden Steuerungsrechners erfolgt die Lageregelung der Roboterachsen auf einem Achsrechner mit dem Signalprozessor TMS320C30 von Texas Instruments /49/, welcher über lokale Peripherie zu den Antrieben hin verfügt und über den VME-Bus mit dem Steuerungsrechner kommuniziert. Bild 7.3 zeigt das Geräteschema.

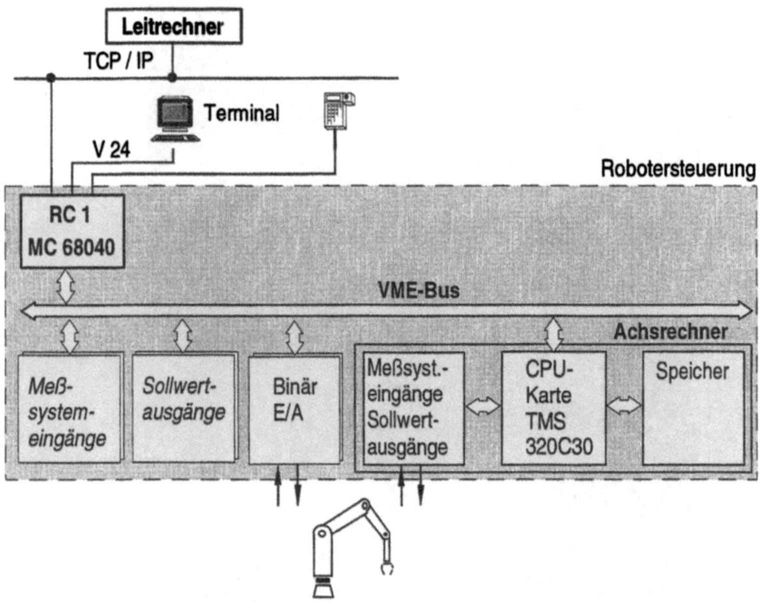

Bild 7.3: Struktur der Steuerungs- und Regelungshardware.

Innerhalb der Steuerung werden Daten mittels eines shared memory in Form von Nachrichten über ein Kommunikationssystem ausgetauscht, welches eine für die Steuerung transparente Anbindung des Achsrechners gestattet. Die exakte Synchronisation der Lageregelung mit der Interpolation ergibt sich daraus, daß die Lageregelung durch die

Übergabe von Achsistwerten einen Interpolationszyklus der Steuerung auslöst /50/. Auf diese Weise entfallen Probleme mit Taktjittern des Steuerungsbetriebssystems VxWORKS /51/.

7.3 Mechanische Parameter der ersten Roboterachse

Besonders hohen Einfluß auf die Genauigkeit hat die Turmdrehachse des Roboters. Daneben weist diese Achse eine sehr komplexe mechanische Struktur auf, wie im folgenden gezeigt wird. Daher beziehen sich nachstehende Ausführungen auf die erste Roboterachse.

Durch den Wegfall des Getriebes im Antriebsstrang liegen wesentliche Nachgiebigkeiten im Aufbau des Roboters und in der mechanischen Ankopplung des Direktantriebs an den Achsaufbau. Bild 3.1 zeigt den bei geöffneter Achsregelung gemessenenen Frequenzgang zwischen Motormoment und am Motor gemessener Beschleunigung. Insgesamt sind fünf signifikante konjugiert komplexe Pol-/Nullstellen erkennbar. Diese rühren aus der an den Direktantrieb angekoppelten Mechanik her. Aus dem Frequenzgang lassen sich die in Tabelle 7.3 aufgeführten Pol- und Nullstellen mit den zugehörigen relativen Dämpfungen ermitteln.

Pole		**Nullstellen**	
Frequenz [Hz]	**Dämpfung**	**Frequenz [Hz]**	**Dämpfung**
84 (88)	0,02	54 (47)	0,09
166 (176)	0,08	94 (95)	0,01
245 (235)	0,05	196 (---)	0,03
280 (---)	0,03	262 (223)	0,04
360 (334)	0,01	316 (316)	0,01

Tabelle 7.3: Pole und Nullstellen der Grundachse. In Klammern stehen die aus dem Achsmodell bestimmten Frequenzen.

Die Eigenwerte gehören zu einem Mehrmassenschwingersystem mit fünf verkoppelten mechanischen Schwingern. Die relativen Dämpfungen liegen im Bereich 0,01 bis 0,09 und sind damit sehr gering, wie es für Struktureigenschwingungen typisch ist. Zu hohen Frequenzen hin ergibt sich eine konstante Verstärkung um einen Faktor von etwa 15 zwischen der Soll- und Istbeschleunigung des Motors, da für hochfrequente Signale die Lastträgheiten durch die Nachgiebigkeiten vom Motor isoliert sind und somit nur die Trägheit des Motors wirkt.

Eine statische Messung der Nachgiebigkeiten in Richtung des ersten Freiheitsgrades, sowie eine Abschätzung der Trägheitsmomente anhand der Konstruktionszeichnungen des Roboters, führt zu dem in Bild 7.4 dargestellten mechanischen Achsmodell. Der besseren Übersicht wegen zeigt das Bild eine lineare Anordnung der Systeme.

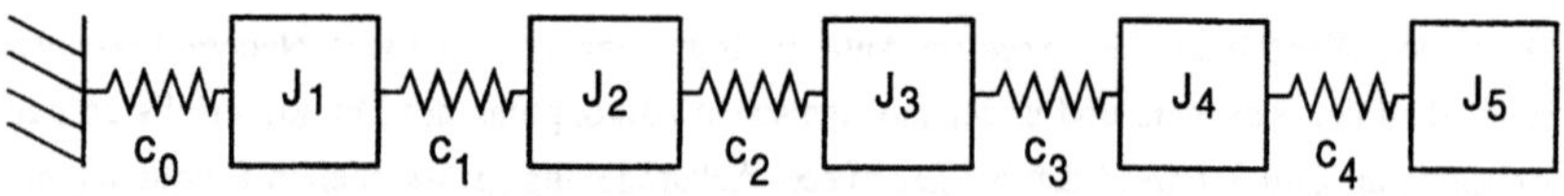

Bild 7.4: Mechanisches Modell für die erste Achse des Direktantriebsroboters

Die Trägheitsmomente und Steifigkeiten bzgl. der Turmachse betragen:

$$
\begin{aligned}
c_1 &= 7 \cdot 10^6 \frac{\text{Nm}}{\text{rad}}, \\
c_2 &= 19 \cdot 10^6 \frac{\text{Nm}}{\text{rad}}, \\
c_3 &= 16 \cdot 10^6 \frac{\text{Nm}}{\text{rad}}, \\
c_4 &= 2{,}5 \cdot 10^6 \frac{\text{Nm}}{\text{rad}},
\end{aligned}
\tag{7.1a}
$$

$$
\begin{aligned}
J_1 &= 4\text{kgm}^2, \\
J_2 &= 8\text{kgm}^2, \\
J_3 &= 28\text{kgm}^2, \\
J_4 &= 12\text{kgm}^2, \\
J_5 &= 8{,}5\text{kgm}^2.
\end{aligned}
\tag{7.1b}
$$

Die Eigenfrequenzen dieses Modells stehen in Tabelle 7.3 in Klammern. Eine Nachgiebigkeit kann bei der statischen Messung nicht identifiziert werden. Die Feder c_0 entsteht durch Schließen der Lageregelung, da sich eine P/P-Kaskadenregelung näherungsweise wie eine lineare Nachgiebigkeit auswirkt. Die Nachgiebigkeiten liegen

- im Rotor des Antriebs und in der Verschraubung von Rotor und Antriebsdeckel (c_1),
- zwischen Antriebsdeckel und Oberarm (c_2),
- zwischen Ober- und Unterarm (c_3), und
- in der Handwurzel (c_4).

Wegen der sehr hohen Steifigkeiten von c_2 und c_3 ist mit statischen Messungen keine genauere Lokalisierung möglich. Eine Ursache für diese Nachgiebigkeiten liegt in den Lagerungen der Gelenke. Die Steifigkeit c_1 liegt um einen Faktor zwei bis sieben über den besten für Getriebe genannten Werten von ca. $(1..3)\cdot 10^6\,\mathrm{Nm/rad}$. Außerdem gelten die Steifigkeitswerte nur für die Getriebe selbst. Durch notwendige mechanische Verbindungen, wie z.B. Kupplungen, reduziert sich die Gesamtsteifigkeit von Getriebelösungen im eingebauten Zustand, während der am Direktantriebsroboter gemessene Wert für c_1 im eingebauten Zustand ermittelt wurde.

Aus dem in Bild 7.4 gezeigten Fünfmassenschwinger entsteht ein das Systemverhalten approximierendes Dreimassensystem, indem die Steifigkeiten c_1 bis c_3 zu einer Ersatzsteifigkeit, bestehend aus einer Reihenschaltung der einzelnen Nachgiebigkeiten, und die Trägheiten J_2 bis J_4 unter Berücksichtigung der Tatsache, daß die Trägheiten über Federn verkoppelt sind, zu einem konzentrierten Körper zusammen gefaßt werden. Die Parameter des Dreimassenschwinger-Modells lauten

$$
\begin{aligned}
J_M &= 4\mathrm{kgm}^2, \\
J_Z &= 40\mathrm{kgm}^2, \\
J_A &= 8{,}5\mathrm{kgm}^2, \\
c_1' &= 3{,}88\cdot 10^6\,\frac{\mathrm{Nm}}{\mathrm{rad}}, \\
c_2' &= 2{,}5\cdot 10^6\,\frac{\mathrm{Nm}}{\mathrm{rad}}.
\end{aligned}
\tag{7.2}
$$

Das Dreimassenschwingermodell weist die Polfrequenzen 94Hz und 165Hz, sowie die Nullstellenfrequenzen 44Hz und 98Hz auf und entspricht damit etwa den gemessenen niederfrequenten Eigenwerten, Tabelle 7.3.

7.4 Regelung der ersten Achse

Den folgenden Ausführungen liegt das in Abschnitt 7.3 ermittelte Drei- bzw. Fünfmassenschwinger-Modell der ersten Achse mit einem Frequenzgang gemäß Bild 3.1 zugrunde. Die Auslegung der kaskadierten P-Lage- und P-Drehzahlregelung der Motorgrößen, vgl. Bild 4.2, erfolgt anhand der in Kapitel 4 hergeleiteten Verfahren.

Tabelle 7.4 listet die Regelungsparameter, welche sich bei Anwendung des Kriteriums AK2 gemäß Tabelle 4.1 ergeben, und die entstehenden überlagerten Schwingungen bei Einheitsrampe, auf. Die Werte sind für das Dreimassen- (DA-3M) und Fünfmassenschwinger-Modell (DA-5M) der direkt angetriebenen ersten Achse, sowie zum Vergleich für ein herkömmliches Motor-/ Getriebeantriebssystem (G-5M) angegeben. Der Strecke G-5M liegen dieselben Daten wie dem Modell DA-5M zugrunde, mit Ausnahme der folgenden Werte:

$$i_g = 100\,,\; J_M = 0{,}01\,\mathrm{kgm}^2 \text{ und } c_1 = 1{,}5 \cdot 10^6\,\mathrm{Nm/rad}\,.$$

Dadurch lassen sich die erreichbaren Regelungsbandbreiten für die erste Achse miteinander vergleichen, wenn wahlweise ein Direktantrieb oder ein optimierter herkömmlicher Antrieb eingesetzt wird.

Typ	K_v [s^{-1}]	K_p [s^{-1}]	Schwingamplitude [rad]	tiefste Schwingfrequenz [Hz]
DA-3M	75	290	$5 \cdot 10^{-5}$	97
DA-5M	80	290	$10 \cdot 10^{-5}$	93
G-5M	20	160	$3 \cdot 10^{-6}$	90

Tabelle 7.4: Vergleich der Regelungsparameter für die als Drei- bzw. Fünfmassenschwinger modellierte Direktantriebsachse mit denen eines Getriebeantriebs für sonst gleiche Parameter des Achsaufbaus.

Durch Einsatz eines Direktantriebs erhöht sich die Regelungsbandbreite gegenüber einem Antrieb mit extrem steifem Getriebe um den Faktor vier, wobei allerdings die Amplitude überlagerter hochfrequenter Schwingungen um etwa eine Größenordnung zunimmt. Die Regelungsparameter unterscheiden sich kaum, wenn der Auslegung statt des exakteren

Fünfmassenschwinger-Modells das vereinfachte Dreimassenschwinger-Modell zugrunde liegt. Die Amplitude der überlagerten Schwingungen unterscheidet sich von der des Fünfmassen-Modells, liegt aber in derselben Größenordnung.

Bei der Regelung der direkt angetriebenen Achse machen sich nicht modellierte Eigenfrequenzen des Motors und des Wegmeßsystems, wie in /28/ untersucht, besonders störend bemerkbar, weil hier der Direktantrieb aufgrund der Trägheitsmomentenverhältnisse hohe Frequenzen um einen Faktor von 15 verstärkt und damit die Stabilität bei hohen Frequenzen verringert. Abhilfe ist durch ein PT_1-Filter möglich, allerdings mit einer relativ großen Zeitkonstante von T_u=7ms, welche die Regelungsbandbreite für überschwingfreies Verhalten begrenzt. Filter höherer Ordnung bewirken einen zusätzlichen Polüberschuß in den Übertragungsfunktionen und destabilisieren daher die ohnehin schwach gedämpften Eigenwerte. Bild 7.5 zeigt den gemessenen Schleppabstand der ersten Achse für einen K_p von $200s^{-1}$ und unterschiedliche Geschwindigkeitsverstärkung. Ab einem K_v von $60s^{-1}$ sind überlagerte Schwingvorgänge gut erkennbar. Bei K_v=$80s^{-1}$ tritt eine Frequenz von 20Hz sehr deutlich in Erscheinung. Die theoretische Grenze für bzgl. der kleinsten Eigenfrequenz überschwingfreies Verhalten ergibt sich zu $K_v = 33s^{-1}$. Bei einer Geschwindigkeitsverstärkung von $40s^{-1}$ sind im Maßstab der Zeichnung noch keine Schwingvorgänge sichtbar.

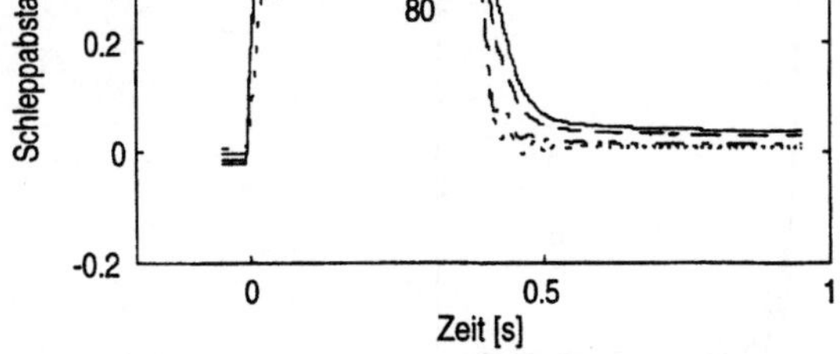

Bild 7.5: Gemessener Schleppabstand der ersten Achse bei PT_1-Filterung des Stellsignals mit T_u=7ms, K_p=$200s^{-1}$, K_v=$33s^{-1}$(—), $40s^{-1}$(--), $60s^{-1}$(-·), $80s^{-1}$(··). Die Sollgeschwindigkeit beträgt 25°/s.

Eine weitere Möglichkeit zur Unterdrückung der hochfrequenten Schwingungen stellt ein Beobachter zweiter Ordnung zur Bestimmung der Antriebsgeschwindigkeit dar, dessen Abgleich mit geringer Dynamik erfolgt. Dadurch verringert sich allerdings die Störsteifigkeit der Regelung, weil von Störwirkungen herrührende Änderungen in der Drehzahlkaskade nur über die geringe Beobachterdynamik Eingang in die Regelung finden. Zur Vermeidung stationärer Lageabweichungen muß der I-Anteil des Drehzahlregelkreises mit der gemessenen bzw. aus der Lage differenzierten Geschwindigkeit gespeist werden. Durch die Integration des I-Anteils bereitet diese Maßnahme keine Stabilitätsprobleme bzgl. hochfrequenter Schwingungen. Mit Beobachter wird ein $K_p$von $200s^{-1}$ und damit ein K_v von etwa $60s^{-1}$ erreicht. Anhand der Auslegung ergibt sich K_v=$56s^{-1}$ für das Kriterium AK1. Damit wird an der ersten Roboterachse durch den Einsatz eines Beobachters zur Unterdrückung hochfrequenter nicht modellierter Eigenfrequenzen eine höhere Regelungsbandbreite als bei Einsatz eines PT_1-Filters erzielt.

7.5 Verringerung überlagerter Schwingungen mittels Vorsteuerung

Durch den Einsatz eines Vorfilters kann die Geschwindigkeitsverstärkung erhöht werden. Die sich ergebenden überlagerten Schwingungen blendet eine Vorsteuerung aus den Sollwerten aus. Bild 7.6 zeigt den gemessenen Positioniervorgang für beobachtete Geschwindigkeit, T_u=7ms, K_p=$200s^{-1}$, K_v=$100s^{-1}$ mit und ohne Vorsteuerung.

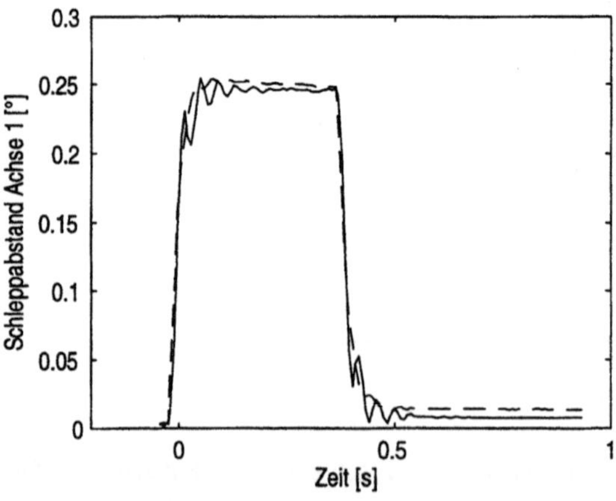

Bild 7.6: Schleppabstand der ersten Achse ohne (—) und mit (--) Vorsteuerung zur Verringerung von Schwingungen bei einer Sollgeschwindigkeit von 25°/s.

Die Schwingungen verschwinden zwar nicht vollständig, werden aber stark reduziert.

7.6 Bahnverhalten des Roboters

Ziel des Einsatzes von Direktantrieben an den Achsen eines Knickarmroboters ist eine hohe Genauigkeit beim Bahnfahren. Die Messung der Genauigkeit erfolgt für zwei verschiedene Sollbahnen:

- Schriftzug „ISW" und
- Testkontur mit Rechteck und Kreisen.

In den Grundachsen ist jeweils $K_v=100s^{-1}$, in den Handachsen $K_v=200s^{-1}$ eingestellt. In den Grundachsen ist eine Vorsteuerung nach Abschnitt 4.6 aktiv. Die Istbahn des Roboters wird gemessen, indem eine am TCP angebrachte Nadel die Bahn in eine graphitbeschichtete Glasplatte ritzt und das Abbild für die Darstellung auf Fotopapier abgelichtet wird. Wahlweise kann die Istbahn aus den gemessenen Achswinkeln berechnet werden. Dadurch ist eine Gegenüberstellung der Soll- und Istbahn leicht möglich. Eigenschwingungen der Arme treten bei diesem Verfahren allerdings nicht bzw. evtl. nur in verringertem Maß in Erscheinung.

Der Schriftzug „ISW" wird in zwei verschiedenen Größen mit jeweils zwei Bahngeschwindigkeiten durchfahren. Bild 7.7 zeigt die am TCP aufgezeichnete Istbahn. Die einzelnen Geradenabschnitte werden mit Eckenhalt gefahren, d.h. am Startpunkt wird ohne Ruckbegrenzung mit einer Bahnbeschleunigung von $10m/s^2$ auf die programmierte Bahngeschwindigkeit beschleunigt, am Endpunkt auf die Geschwindigkeit Null abgebremst und sofort die nächste Gerade begonnen. Dadurch ergeben sich sehr viele, kurz aufeinanderfolgende Beschleunigungs- und Abbremsvorgänge, welche gegenüber dem eingeschwungenen Zustand der Achsregelungen zu unkorrelierten Schleppabständen der Achsen führen und evtl. vorhandene Eigenschwingungen anregen.

Im kleinen Schriftzug „ISW", Bild 7.7 a) und b), treten bei einer Bahngeschwindigkeit von 50mm/s geringe, bei 100mm/s bereits starke Verzerrungen auf. Der fünffach größere Schriftzug, Bild 7.7 c) und d), wird bei 100mm/s leicht, bei 200mm/s stärker verzerrt.

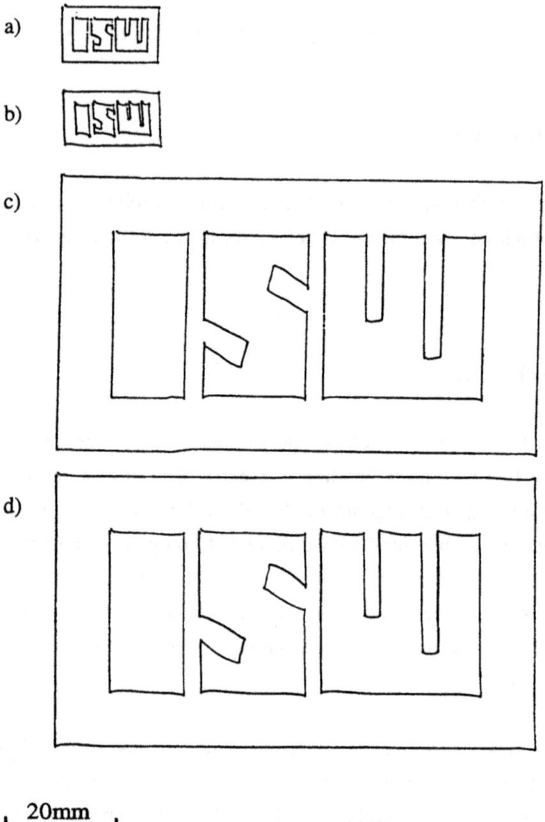

Bild 7.7: Am TCP für den Schriftzug „ISW“ gemessene Istbahnen. Der kleine Schriftzug wurde mit einer Bahngeschwindigkeit von a) 50mm/s, b) 100mm/s durchfahren, der große Schriftzug mit c) 100mm/s, d) 200mm/s.

Bild 7.8 zeigt den kleinen Schriftzug stark vergrößert. Im Bild ist die Soll- und die aus den gemessenen Achswinkeln berechnete Istbahn des TCP aufgetragen. Die maximale Abweichung beträgt etwa 0,4mm für eine Geschwindigkeit von 50mm/s und etwa 0,6mm bei 100mm/s. Die Bahnfehler nehmen mit der Geschwindigkeit zu, da die Beschleunigungsphasen länger andauern.

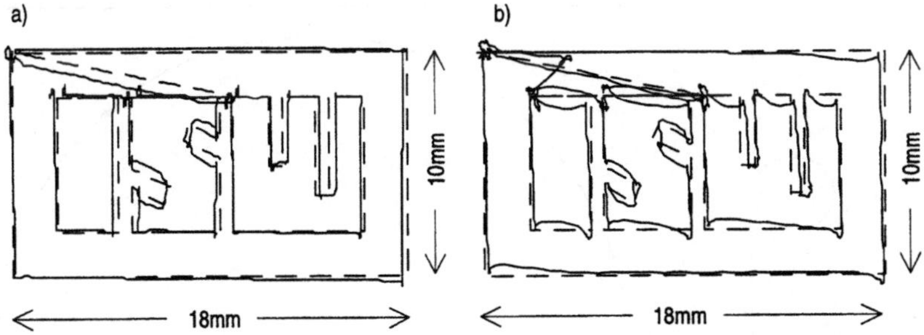

Bild 7.8: Soll- (--) und aus den gemessenen Achswinkeln berechnete Istbahn (—) des Roboters für den Schriftzug „ISW" mit einer Bahngeschwindigkeit von 50mm/s (a) bzw. 100mm/s (b).

Die in Bild 7.9 dargestellte Testkontur enthält insbesondere drei Kreise mit einem Durchmesser von je 12mm, welche ohne eine Absenkung der Bahngeschwindigkeit von 200mm/s durchfahren werden.

Aufgrund der konstanten Bahngeschwindigkeit zeigt sich an der Testkontur der Einfluß stationärer Schleppabstände besonders gut. In Bild 7.9 ist die gemessene Bahn am TCP dargestellt. Die kleinen Kreise weisen zwar leichte Verzerrungen auf, sind aber gut erkennbar.

Bild 7.10 stellt die Sollbahn und die aus den gemessenen Achswinkeln berechnete Istbahn einander gegenüber. Die Abweichungen sind im Abbildungsmaßstab kaum zu erkennen. In Bild 7.11 ist daher der untere kleine Kreis aus Bild 7.10 stark vergrößert dargestellt. Ein großer Teil des Bahnfehlers entsteht durch nicht kompensierte Reibanteile in den Handachsen /44/. Außerdem erzeugt die Schaltregelung der Umrichter in Verbindung mit der geringen Motorinduktivität der Handachsmotoren eine große Strom- und damit Momentenwelligkeit, welche zusätzlich die Regelungsbandbreite der Handachsen stark begrenzt. Durch eine Verringerung des Stromripples ist mindestens eine Verdopplung der Regelungsbandbreite der Handachsen zu erwarten. Unter der Annahme, daß sich dadurch die am Roboter gemessenen Schleppabstände halbieren, entsteht die in Bild 7.12 dargestellte simulative Abschätzung für die Istbahn des TCP.

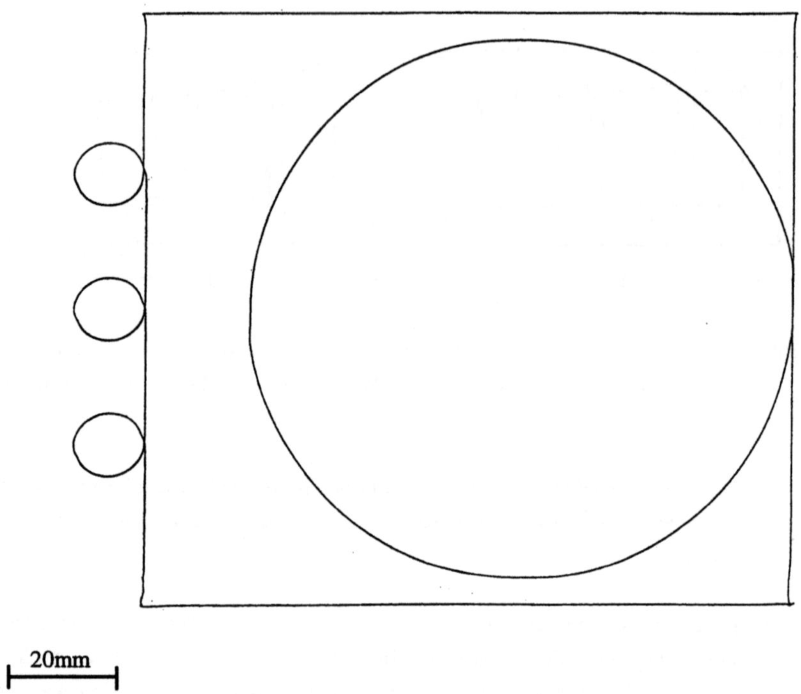

Bild 7.9: Am TCP gemessene Istbahn der Testkontur. Die Bahngeschwindigkeit beträgt 200mm/s.

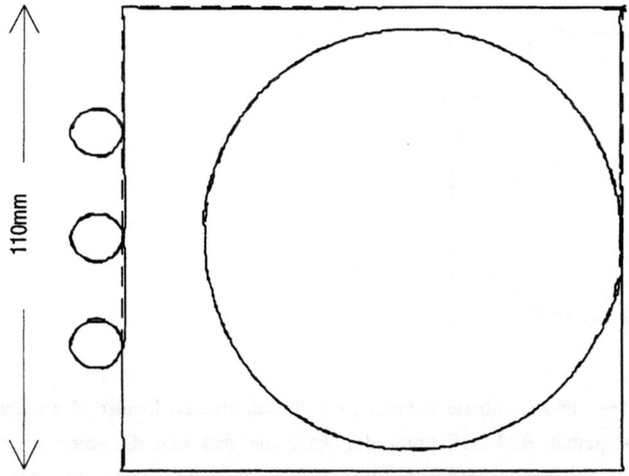

Bild 7.10: Gegenüberstellung der Sollbahn (--) und der aus den gemessenen Achswinkeln berechneten Istbahn (—) für die Testkontur.

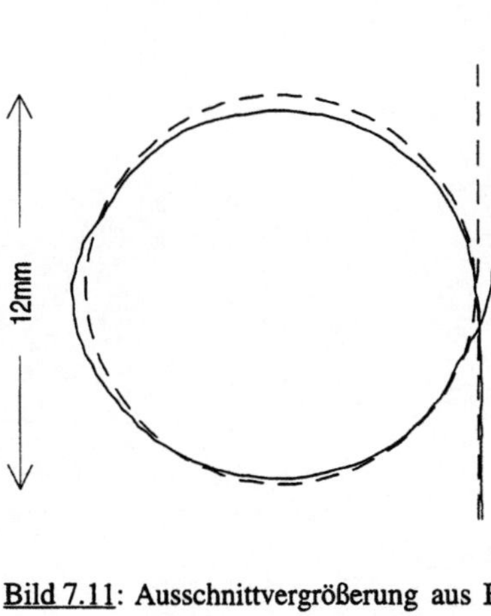

Bild 7.11: Ausschnittvergrößerung aus Bild 7.10: unterer kleiner Kreis der Testkontur. Sollbahn (--) und Istbahn (—) bei 200mm/s Bahngeschwindigkeit.

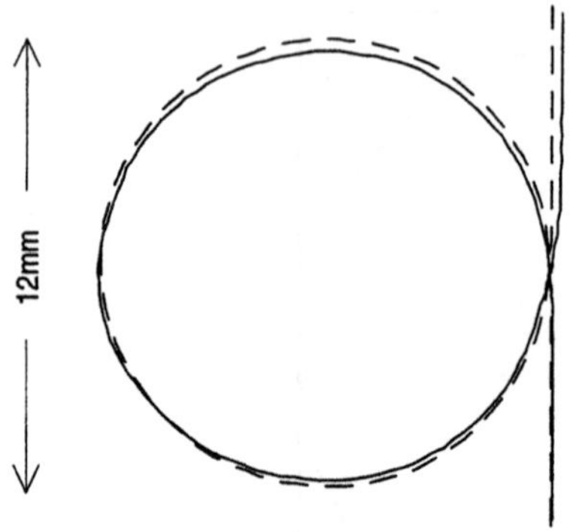

Bild 7.12: Sollbahn (--) und simulierte Istbahn (—) für den unteren kleinen Kreis der Testkontur gemäß Bild 7.10 unter der Annahme, daß sich die gemessenen Schleppabstände der Handachsen durch eine verdoppelte Geschwindigkeitsverstärkung halbieren.

8 Zusammenfassung und Ausblick

Roboter mit Knickarmkinematik sind für flexible Bearbeitungsaufgaben sehr gut geeignet. Durch diese Kinematik entstehen allerdings sehr hohe Genauigkeitsanforderungen an die einzelnen Roboterachsen, da sie über lange Arme auf den TCP wirken. Es entstehen große, in Abhängigkeit von der Roboterstellung stark schwankende Trägheitsmomente. Steigende Anforderungen an Bahngeschwindigkeit und -genauigkeit, wie sie z.B. beim Laserschneiden gestellt sind, können mit herkömmlichen Motor- / Getriebeantrieben nicht bzw. nur mit erheblichem Aufwand erfüllt werden. In der vorliegenden Arbeit wird daher der Ansatz untersucht, Direktantriebe an den Grundachsen von Knickarmrobotern einzusetzen. Durch den Wegfall der Getriebe entsteht ein steiferer Antriebsstrang. Damit steigen die Eigenfrequenzen an, und es lassen sich höhere Regelungsbandbreiten realisieren. Nichtlineare Effekte, wie z.B. Getriebeübertragungsfehler und Reibungsumkehrspannen, entfallen bzw. verringern sich. Da bei Direktantrieben im Antriebsstrang keine mechanische Untersetzung wirkt, verschiebt sich das Verhältnis Fremd- zu Motoreigenträgheit zu sehr großen Werten hin. Eine Untersetzung i_g wirkt sich dagegen gleich aus wie eine Gewichtung des Motormoments mit einem Faktor i_g^2.

Durch den Wegfall der wesentlichen, seither im Getriebe gelegenen Nachgiebigkeit des Antriebsstrangs, und der durch das Getriebe gegebenen Dämpfung, gelten übliche Achsmodelle, welche aus einem oder zwei schwingfähigen Systemen zweiter Ordnung bestehen, nicht mehr. Die verbleibenden Nachgiebigkeiten des Achsaufbaus weisen ähnliche Größen auf. Dadurch entsteht eine Mehrmassenschwinger-Charakteristik, welche in der vorliegenden Arbeit durch ein Dreimassenschwinger-Modell angenähert wird.

Für dieses Streckenmodell wird als stabiles Regelverfahren eine kaskadierte P-Lage-, PI-Drehzahlregelung der am Motor gemessenen Größen ermittelt und dessen Parametrierung hergeleitet. Für Verfahren der Zustandsregelung ist das gewählte Dreimassenschwinger-Modell ungeeignet, weil an direkt angetriebenen Roboterachsen mehr als drei signifikante Schwinger zu erwarten sind. Bei der Regelungsauslegung sind die Fälle eines dominanten Motors, d.h. einer rückwirkungsarmen Mechanik, und einer dominanten Mechanik bei Vorliegen großer Rückwirkungen, zu unterscheiden. Entwurfsziel ist ein gutes Verhalten an der Armspitze. Eigenwerte der Mechanik können bei einer Regelung der Motorgrößen zu überlagerten Schwingungen an der Armspitze führen, welche in der Regelung nicht oder nur abgeschwächt auftreten, da dort Nullstellen der Mechanik wirken. Für den Fall eines dominanten Motors wird die Parametrierung hergeleitet, für welche die überlagerten

Schwingungen an der Armspitze eine vorgebbare Grenze nicht überschreiten. Bei dominanter Mechanik können die Motoreigenwerte durch die Regelung der Motorgrößen nicht unabhängig von den Mechanikeigenwerten eingestellt werden. In weiten Bereichen ist eine Geschwindigkeitsverstärkung des 0,3-fachen der ersten Nullstellenkreisfrequenz, d.h. $K_v \approx 0{,}3 \cdot \omega_{N,1}$, sinnvoll, insbesondere, wenn überlagerte höherfrequente Schwingungen in der Armlage zulässig sind. Diese Schwingungen lassen sich durch die Nullstellen eines Vorfilters verringern. Übliche Geschwindigkeitsvorsteuerungen, wie sie häufig zur Erhöhung der Achsgenauigkeit eingesetzt werden, führen dagegen in der Regel zu einer unzulässig hohen Anhebung der Eigenschwingungen und sind daher nicht zweckmäßig. Nicht modellierte hohe Eigenfrequenzen z.B. des Wegmeßsystems führen in Verbindung mit der hohen Bandbreite der Direktantriebe zu hochfrequenten Dauerschwingungen, welche durch ein PT_1-Filter bedämpft werden können. Dieses Filter reduziert mit zunehmender Zeitkonstante allerdings die realisierbare Geschwindigkeitsverstärkung.

Aufgrund der Knickarmkinematik entstehen Schwankungen effektiver mechanischer Parameter in Abhängigkeit von der Roboterstellung. Die sich ergebenden variierenden Eigenwerte und daraus resultierenden Regelungsparameter werden exemplarisch für die erste Achse dieser Kinematik in Abhängigkeit des Schwenkwinkels in der zweiten Achse untersucht. Nicht immer ist für den Fall einer stellungsunabhängigen, konstanten Parametrierung eine Optimierung in der Stellung größter Trägheit richtig, da die Streckeneigenwerte u.U. in der Stellung kleinster Trägheit eine ungünstigere Verteilung aufweisen können, als in der Stellung größter Trägheit.

Die Kinematik führt zu Koppelmomenten zwischen den Achsen. Durch Coriolis- und Zentripetalkräfte verursachte Terme nehmen quadratisch mit der Bahngeschwindigkeit zu, wobei außerdem die Form und Lage der Bahn in die Terme eingeht.

Zur Optimierung der Regelungsdynamik werden in dieser Arbeit Auslegungsvorschriften für die mechanischen Parameter hergeleitet und regelungstechnische Maßnahmen mittels eines Kompensatorglieds in der Regelung betrachtet. Dabei zeigt sich, daß eine Pol- / Nullstellenkompensation für direkt angetriebene Roboterachsen wegen der an Knickarmkinematiken zu erwartenden Parameterschwankungen nur geringe oder keine Verbesserungen bewirkt, wenn die Lage und Drehzahl des Motors geregelt wird.

Das Bahnverhalten eines direkt angetriebenen Roboters mit einem Arbeitsradius von 1,5m wird an zwei Beispielen aufgezeigt. Dabei sind gesteuerte Kompensationen für unvollständig ausgeglichene Gewichtsmomente, sowie eine einfache Reibkompensation der Handachsen, aktiv. Insbesondere wird bei einem mit einer Geschwindigkeit von 200mm/s durchfahrenen Kreis mit 12mm Durchmesser eine Abweichung von unter 0,57mm erreicht. Bei weiterer Optimierung der Handachsen ist eine Genauigkeit von besser als 0,34mm zu erwarten.

Wenn die Koordinaten des TCP im Achskoordinatensystem schnell und genau bestimmt werden können, läßt sich die Regelung auf die Lage und Geschwindigkeit der Armspitze ausführen. Die Stabilität der Regelung wird dabei durch im Sinne von Kapitel 4 optimal plazierte Regelungsnullstellen hergestellt. Dabei kann sich eine höhere Geschwindigkeitsverstärkung als bei Regelung der Motorgrößen ergeben. Bei der Regelung der Armgrößen entfällt die Anhebung hoher Frequenzen. Dadurch verringert sich der Einfluß nicht modellierter sehr hoher Eigenfrequenzen, z.B. der Wegmeßsysteme, auf die Stabilität der Regelung.

Verfahren der Zustandsregelung für direkt angetriebene Roboterachsen können in weiteren Arbeiten in Betracht gezogen werden. Dafür ist eine Messung der Lage und Geschwindigkeit an der Armspitze sinnvoll. Beobachter, deren Abgleich nur anhand der am Motor gemessenen Größen erfolgt, erfordern sehr genaue, reproduzierbare Informationen über das Achsverhalten. Der Einsatz einer Zustandsregelung erfordert einen sehr hohen Inbetriebnahmeaufwand zur Identifikation aller wesentlichen Streckeneigenwerte und deren Stellungsabhängigkeit. Zur Messung der TCP-Lage in Raumkoordinaten sind verschiedene Verfahren, z.B. mittels Lichtstrahlen oder Laufzeitmessungen von Schallsignalen, in Untersuchung bzw. im Einsatz. Heutige Lösungen führen allerdings zu unverhältnismäßig hohen Kosten. Außerdem ist eine sehr schnelle Signalauswertung und Koordinatentransformation im Lageregeltakt notwendig. Eine weitere Möglichkeit besteht in der Messung des Motorwinkels und der Relativwinkel über Nachgiebigkeiten mittels eines vor der Nachgiebigkeit angebrachten Laserstrahls als Normal, dessen Licht auf einen zweidimensionalen Positionsdetektor fällt, welcher hinter der Nachgiebigkeit befestigt ist.

Weitere Verbesserungen sind zu erwarten, wenn das Gewicht der Roboterarme durch optimierte Konstruktionen bei etwa gleichbleibender Steifigkeit deutlich reduziert werden kann. Dabei sollen die hergeleiteten günstigen Bereiche der Trägheitsmomenten- und Steifigkeitsverhältnisse beachtet werden. Dadurch steigt die erreichbare Geschwindigkeitsverstärkung an. Gleichzeitig sinken die Momentenanforderungen an die Direktantriebe der Achsen, und damit deren Bauraum und Gewicht.

Die Ergebnisse der vorliegenden Arbeit bilden eine Grundlage für die Entwicklung und Konstruktion optimierter direkt angetriebener Roboter, mit denen sich die Bearbeitungsgeschwindigkeit und -genauigkeit gegenüber herkömmlichen Systemen erhöhen läßt.

Literatur

/1/ N.N.: Mechatronics & Robotics, I.
Amsterdam, Oxford, Washington, Tokyo: IOS Press, 1991.

/2/ Schweizer, M: Konjunktur für Roboter. VDMA/IPA-Roboterstatistik für 1994.
Roboter (1995) 5, S. 10 - 14.

/3/ Horn, A.: Optische Sensorik zur Bahnführung von Industrierobotern mit hohen Bahngeschwindigkeiten.
Berlin, Heidelberg, New York: Springer-Verlag, 1994.

/4/ Dalacker, M.; Horn, A.: Moderne Regelungsverfahren an Industrierobotern.
Im Seminar: Moderne Regelungs- und Antriebstechnik.
Stuttgart: FISW GmbH, Oktober 1992.

/5/ Martin, G.: On the Control of Flexible Mechanical Systems.
Ph.D. Thesis, Stanford University Department of Aeronautics, 1978.

/6/ Swigert, C.: Shaped Torque Techniques.
Journal of Guidance and Control, Vol. 3 (1980) No. 5, S. 460 - 467.

/7/ Meckl, P., Seering, W.: Shaping reference inputs to reduce residual vibration for a cartesian robot.
Chicago: Symposium on Robotics, DSC Vol. 11, The Winter annual meeting of the ASME (1988), S. 225 - 239.

/8/	Singer, N., Seering, W.:	Preshaping Command Inputs to Reduce System Vibration. Journal of Dynamic Systems, Measurement and Control, Vol. 112 (1990) No. 3, S. 76 - 82.
/9/	Fahrbach, C., Philipp, W., Scholich, W.:	Vergleich von Verfahren zur Schleppabstands-reduzierung momentengesteuerter Direktantriebe. wt Werkstattstechnik 81 (1991), Springer-Verlag, S. 592 - 596.
/10/	Warnecke, H.-J.; Schraft, R. D.:	Industrieroboter. Katalog '91. Mainz: Vereinigte Fachverlage Krausskopf-Ingenieur Digest GmbH, 1991.
/11/	Schlaich, G.; Kaufmann, H.:	Roboter für die Montage. Landsberg/Lech: verlag moderne industrie, 1990.
/12/	N.N.:	Hexapods Come Of Age. Druckschrift der Fa. GEODETIC Technology International Holding NV, Genf.
/13/	N.N.:	VARIAX™. Druckschrift der Fa. Giddings & Lewis, Fond du Lac, WI, USA.
/14/	N.N.:	TRICEPT, Der Roboter für Montage und Bearbeitung. Firmenschrift der Firma NEOS Robotics, Täby, Schweden.
/15/	N.N.:	Tricept HP_1. Druckschrift der Fa. COMAU S.p.A., Turin.

/16/ Schröer, K.: Identifikation von Kalibrationsparametern kinematischer Ketten.
München, Wien: Hanser-Verlag, 1993.

/17/ Egner, M.: Hochdynamische Lageregelung mit elektrohydraulischen Antrieben.
Berlin, Heidelberg, New York: Springer-Verlag, 1988.

/18/ Reinhart, G.: Im Stadium der Reife.
Roboter-Markt 1991, S.56 - 60.

/19/ N.N.: S4-Steuerung für Industrieroboter.
Druckschrift der Fa. ABB Roboter GmbH, Mannheim.

/20/ Pritschow, G.; Klingel, H.; Bauder, M.; Horn, A.: Erhöhung der Bahngenauigkeit von Industrierobotern.
Robotersysteme (1992) 8, S. 162 - 170.

/21/ Hagl, R.: Erhöhung der Verfügbarkeit von Vorschubantrieben mit selbstanpassender Lageregelung.
Berlin, Heidelberg, New York: Springer-Verlag, 1991.

/22/ Kosiedowski, U., Schittenhelm, K.-M., Scholich-Tessmann, W.: Auswahlkriterien für moderne digitale Regelverfahren.
VDW-Studie Nr.1014, 1993.

/23/ Rentschler, U.: Fehlertolerantes Präzisionsfügen.
Berlin, Heidelberg, New York: Springer-Verlag, 1995.

/24/ Scholich, W.: Hochdynamische Steuerungs- und Antriebseinheit zur Unrundbearbeitung.
wt Produktion und Management 82 (1992) 2, S.39.

/25/ Schnurr, B.: Elektrodynamisches Antriebssystem zur Unrundbearbeitung.
Berlin, Heidelberg, New York: Springer-Verlag, 1994.

/26/ Pritschow, G.; Fahrbach, C.; Scholich-Tessmann, W.: Elektrische Direktantriebe im Werkzeugmaschinenbau.
VDI-Z 137 (1995) 3/4, S. 76 - 79.

/27/ Götz, F.: Intelligent- /Integrierte- /Direkt-Antriebstechnik.
Umdruck zum Seminar „Moderne Regelungs- und Antriebstechnik, FISW GmbH 1994.

/28/ Fahrbach, C.: Regelung hochdynamischer Direktantriebe
Umdruck zum Seminar: „Moderne Regelungs- und Antriebstechnik“, FISW GmbH 1996.

/29/ Fahrbach, C.; Scholich-Tessmann, W.: Hochdynamische Roboter auf Basis von Direktantrieben.
Umdruck zum Seminar: „Moderne Regelungs- und Antriebstechnik“, FISW GmbH 1994.

/30/ N.N.: Bemerkenswerte Technik.
Roboter-Markt 1996. Verlag moderne industrie.

/31/ Asada, H., Youcef-Toumi, K.: Direct-Drive Robots.
Cambridge, Massachusettes, London: The MIT Press, 1987.

/32/ Haug, J.: Zur Modellierung aktiv geregelter elastischer Mehrkörpersysteme.
Düsseldorf: VDI-Verlag, 1996.

/33/ Eppinger, M., Kreuzer, E.: Evaluation of Methods for Solving the Inverse Kinematics of Manipulators.
Proceedings of the Eighth CISM-IFToMM Symposium on Theory and Practice of Robots and Manipulators (1990), S. 32 - 39.

/34/ Ketterer, G.: Automatisierte Inbetriebnahme elektromechanischer, elastisch gekoppelter Bewegungsachsen.
Berlin, Heidelberg, New York: Springer-Verlag, 1995.

/35/ Hauger, W., Schnell, W., Gross, D.: Technische Mechanik.
Band 3 Kinetik.
Berlin, Heidelberg, New York: Springer-Verlag, 1990.

/36/ Föllinger, O.: Regelungstechnik.
Heidelberg: Hüthig-Verlag, 1990. 6. Auflage.

/37/ Schittenhelm, K.-M.: Einsatz vorgefilterter Führungsgrößen für Bewegungsachsen zur Bahnerzeugung.
Berlin, Heidelberg, New York: Springer-Verlag, 1997.

/38/ Unbehauen, H.: Regelungstechnik I.
Braunschweig / Wiesbaden: Friedr. Vieweg & Sohn Verlag, 1982.

/39/ Philipp, W.: Regelung mechanisch steifer Direktantriebe für Werkzeugmaschinen.
Berlin, Heidelberg, New York: Springer-Verlag, 1992.

/40/ Gevarter, W. B.: Basic relations for control of flexible vehicles. AIAA journal Vol. 8 (1970), no. 4, S. 666-672.

/41/ Fauser, M.: Steuerungstechnische Massnahmen zur Erhöhung der Fertigungsqualität. Dissertation an der RWTH Aachen, 1997.

/42/ Schiehlen, W.: Technische Dynamik. Eine Einführung in die analytische Mechanik und ihre technischen Anwendungen. Stuttgart: Teubner-Verlag, 1986.

/43/ Kreuzer, O., Schiehlen, W.: Handbuch für das Programmsystem NEWEUL. Stuttgart, 1990.

/44/ Scholich-Tessmann, W.: Kompensation von Gewichts- und Koppelmomenten. Umdruck zum Seminar: „Moderne Regelungs- und Antriebstechnik", FISW GmbH, 1996.

/45/ Schoukens, J., Pintelon, R.: Identification of Linear Systems: A Practical Guide to Accurate Modelling. New York: Pergamon Press, 1990.

/46/ Bestle, D.: Analyse und Optimierung von Mehrkörpersystemen. Berlin, Heidelberg, New York: Springer-Verlag, 1994.

/47/ Pritschow, G., Frager, O.: Roboterzellenprogrammierung: Die Sprache IRL und der Zwischencode ICR. Robotersysteme (1992) 8, S. 25 - 32.

/48/ Bauder, M.: Konfigurierbare Robotersteuerung mit allgemeiner Transformation.
Berlin, Heidelberg, New York: Springer-Verlag, 1992.

/49/ Philipp, W., Scholich, W.: Komplexer und genauer - Signalprozessorsystem zur hochgenauen Regelung hochdynamischer Antriebe.
Technische Rundschau (1991) 2, S. 40 - 44.

/50/ Pritschow, G., Scholich-Tessmann, W.: Simulation Studies of a Five Axis Direct Drive Robot for High Speed and High Precision.
Proceedings EURISCON '94 (European Robotics and Intelligent Systems Conference), Vol. 2 (1994), S. 951 - 966.

/51/ Jöhnk, M.: VxWORKS aus der Sicht des Anwenders.
Design & Elektronik (1991) 7, S. 42 - 46.

ISW Forschung und Praxis

Berichte aus dem Institut für Steuerungstechnik der Werkzeugmaschinen und Fertigungseinrichtungen der Universität Stuttgart

Herausgegeben bis Band 57 von Prof. Dr.-Ing. G. Stute †
ab Band 58 Prof. Dr.-Ing. G. Pritschow

1 D. Schmid, Numerische Bahnsteuerung, 89 S., 1973

2 H. Schwegler, Fräsbearbeitung gekrümmter Flächen, 111 S., 1972

3 J. Eisinger, Numerisch gesteuerte Mehrachsenfräsmaschinen, 90 S., 1972

4 R. Nann, Rechnersteuerung von Fertigungseinrichtungen, 125 S., 1972

5 G. Augsten, Zweiachsige Nachformeinrichtungen, 140 S., 1972

6 B. Karl, Die Automatisierung der Fertigungsvorbereitung durch NC-Programmierung, 121 S., 1972

7 H. Eitel, NC-Programmiersystem, 117 S., 1973

8 E. Knorr, Numerische Bahnsteuerung zur Erzeugung von Raumkurven auf rotationssymetrischen Körpern, 131 S., 1973

9 S. Bumiller, Viskohydraulischer Vorschubantrieb, 123 S., 1974

10 K. Maier, Grenzregelung an Werkzeugmaschinen, 139 S., 1974

11 J. Waelkens, NC-Programmierung, 159 S., 1974

12 E. Bauer, Rechnerdirektsteuerung von Fertigungseinrichtungen, 138 S., 1975

13 H. König, Entwurf und Strukturtheorie von Steuerungen für Fertigungseinrichtungen, 206 S., 1976

14 H. Damsohn, Fünfachsiges NC-Fräsen, 143 S., 1976

15 H. Jetter, Programmierbare Steuerungen, 141 S., 1976

16 H. Henning, Fünfachsiges NC-Fräsen gekrümmter Flächen, 179 S., 1976

17 K. Boelke, Analyse und Beurteilung von Lagesteuerungen für numerisch gesteuerte Werkzeugmaschinen, 106 S., 1977

18 F.-R. Götz, Regelsystem mit Modellrückkopplung für variable Streckenverstärkung, 116 S., 1977

19 H. Tränkle, Auswirkungen der Fehler in den Positionen der Maschinenachsen beim fünfachsigen Fräsen, 103 S., 1977

20 P. Stof, Untersuchungen über die Reduzierung dynamischer Bahnabweichungen bei numerisch gesteuerten Werkzeugmaschinen, 118 S., 1978

21 R. Wilhelm, Planung und Auslegung des Materialflusses flexibler Fertigungssysteme, 158 S., 1978

22 N. Kappen, Entwicklung und Einsatz einer direkten digitalen Grenzregelung für eine Fräsmaschine mit CNC, 123 S., 1979

23 H. G. Klug, Integration automatisierter technischer Betriebsbereiche, 124 S., 1978

24 D. Binder, Interpolation in numerischen Bahnsteuerungen, 132 S., 1979

25 O. Klingler, Steuerung spanender Werkzeugmaschinen mit Hilfe von Grenzregeleinrichtungen (ACC), 124 S., 1979

26 L. Schenke, Auslegung einer technologisch-geometrischen Grenzregelung für die Fräsbearbeitung, 113 S., 1979

27 H. Wörn, Numerische Steuersysteme-Aufbau und Schnittstellen eines Mehrprozessorsteuersystems, 141 S., 1979

28 P. B. Osofisan, Verbesserung des Datenflusses beim fünfachsigen NC-Fräsen, 104 S., 1979

29 J. Berner, Verknüpfung fertigungstechnischer NC-Programmiersysteme, 101 S., 1979

30 K.-H. Böbel, Rechnerunterstützte Auslegung von Vorschubantrieben, 113 S., 1979

31 W. Dreher, NC-gerechte Beschreibung von Werkstücken in fertigungstechnisch orientierten Programmiersystemen, 105 S., 1980

32 R. Schurr, Rechnerunterstützte Projektsteuerung hydrostatischer Anlagen, 115 S., 1981

33 W. Sielaff, Fünfachsiges NC-Umfangfräsen verwundener Regelflächen. Beitrag zur Technologie und Teileprogrammierung, 97 S., 1981

34 J. Hesselbach, Digitale Lageregelung an numerisch gesteuerten Fertigungseinrichtungen, 111 S., 1981

35 P. Fischer, Rechnerunterstützte Erstellung von Schaltplänen am Beispiel der automatischen Hydraulikplanzeichnung, 111 S., 1981

36 U. Ackermann, Rechnerunterstützte Auswahl elektrischer Antriebe für spanende Werkzeugmaschinen, 118 S., 1981

37 W. Döttling, Flexible Fertigungssysteme – Steuerung und Überwachung des Fertigungsablaufs, 105 S., 1981

38 J. Firnau, Flexible Fertigungssysteme – Entwicklung und Erprobung eines zentralen Steuersystems, 112 S., 1982

39 A. Herrscher, Flexible Fertigungssysteme – Entwurf und Realisierung prozeßnaher Steuerungsfunktionen, 103 S., 1982

40 U. Spieth, Numerische Steuersysteme – Hardwareaufbau und Ablaufsteuerung eines Mehrprozessorsteuersystems, 115 S., 1982

41 A. Schimmele, Rechnerunterstützter Entwurf von Funktionssteuerungen für Fertigungseinrichtungen, 106 S., 1982

42 M. Sanzenbacher, NC-gerechte Beschreibung von Werkstücken mit gekrümmten Flächen, 105 S., 1982

43 W. Walter, Interaktive NC-Programmierung von Werkstücken mit gekrümmten Flächen, 112 S., 1982

44 J. Huan, Bahnregelung zur Bahnerzeugung an numerisch gesteuerten Werkzeugmaschinen, 95 S., 1982

45 H. Erne, Taktile Sensorführung für Handhabungseinrichtungen – Systematik und Auslegung der Steuerungen, 111 S., 1982

46 D. Plasch, Numerische Steuersysteme – Standardisierte Softwareschnittstellen in Mehrprozessor-Steuersystemen, 112 S., 1983

47 Z. L. Wang, NC-Programmierung – Maschinennaher Einsatz von fertigungstechnisch orientierten Programmiersystemen, 103 S., 1983

48 J. Schwager, Diagnose steuerungsexterner Fehler an Fertigungseinrichtungen, 121 S., 1983

49 P. Klemm, Strukturierung von flexiblen Bediensystemen für numerische Steuerungen, 113 S., 1984

50 W. Runge, Simulation des dynamischen Verhaltens elektrohydraulischer Schaltungen – Einsatz von geräteorientierten, universellen Simulationsbausteinen, 132 S., 1984

51 H. Steinhilber, Planung und Realisierung von Werkzeugversorgungssystemen für die NC-Bearbeitung, 126 S., 1984

52 R. Ohnheiser, Integrierte Erstellung numerischer Steuerdaten für flexible Fertigungssysteme, 115 S., 1984

53 M. Keppeler, Führungsgrößenerzeugung für numerisch bahngesteuerte Industrieroboter, 125 S., 1984

54 P. Kohler, Automatisiertes Messen mit NC-Werkzeugmaschinen, 129 S., 1985

55 K.-H. Rieger, Rechnerunterstützte Projektierung der Hardware und Software von Speicherprogrammierten Steuerungen, 123 S., 1985

56 G. Vogt, Digitale Regelung von Asynchronmotoren für numerisch gesteuerte Fertigungseinrichtungen, 126 S., 1985

57 S. Chmielnicki, Flexible Fertigungssysteme – Simulation der Prozesse als Hilfsmittel zur Planung und zum Test von Steuerprogrammen, 120 S., 1985

58 W. Renn, Struktur und Aufbau prozeßnaher Steuergeräte zur Verkettung in flexiblen Fertigungssystemen, 137 S., 1986

59 K. Harig, Quantisierung im Lageregelkreis numerisch gesteuerter Fertigungseinrichtungen, 113 S., 1986

60 H. Frank, Programmier- und Überwachungsfunktionen für teileartbezogene NC-Werkzeugmaschinen, 115 S., 1986

61 H. Möller, Integrierte Überwachungs- und Diagnose-Systeme für numerische Steuerungen, 131 S., 1986

62 H. Fink, Einsatz speicherprogrammierbarer Steuerungen in der Fertigungstechnik, 126 S., 1986

63 J. Fleckenstein, Zustandsgraphen für SPS – Grafikunterstützte Programmierung und steuerungsunabhängige Darstellung, 139 S., 1987

64 E. Wagner, Steuerungen von Koordinatenmeßgeräten mit schaltenden und messenden Tastsystemen, 133 S., 1987

65 W. Grimm, Diagnosesystem für steuerungsperiphere Fehler an Fertigungseinrichtungen, 143 S., 1987

66 W. Swoboda, Digitale Lageregelung für Maschinen mit schwach gedämpften schwingungsfähigen Bewegungsachsen, 141 S., 1987

67 G. Gruhler, Sensorgeführte Programmierung bahngesteuerter Industrieroboter, 119 S., 1987

68 B. Walker, Konfigurierbarer Funktionsblock Geometriedatenverarbeitung für numerische Steuerungen, 125 S., 1987

69 J. Mayer, Werkzeugorganisation für flexible Fertigungszellen und -systeme, 126 S., 1988

70 R. Lederer, Programmierung von NC-Drehmaschinen mit mehreren Werkzeugschlitten, 120 S., 1988

71 G. Häberle, NC-Musterprogrammierung für die rechnerintegrierte Textilfertigung, 127 S., 1988

72 D. Pfeiffer, Kompensation thermisch bedingter Bearbeitungsfehler durch prozeßnahe Qualitätsregelung, 135 S., 1988

73 W. Schmidt, Grafikunterstütztes Simulationssystem für komplexe Bearbeitungsvorgänge in numerischen Steuerungen, 141 S., 1988

74 M. Egner, Hochdynamische Lageregelung mit elektrohydraulischen Antrieben, 147 S., 1988

75 W. Schittenhelm, Konfigurierbares Bedienungssystem für Steuerungen an Fertigungseinrichtungen, 136 S., 1988

76 D. Scheifele, Grafisch dynamische Simulation des Bearbeitungsvorgangs für Doppelschlittendrehmaschinen, 121 S., 1988

77 G. Keuper, Automatisierte Identifikation der Streckenparameter servohydraulischer Vorschubantriebe, 152 S., 1989

78 K.-H. Kayser, Kollisionserkennung in numerischen Steuerungen mit der Distanzfeldmethode, 131 S., 1989

79 R. Viefhaus, Fräsergeometriekorrektur in Numerischen Steuerungen für das fünfachsige Fräsen, 157 S., 1989

80 J. Zirbs, Fertigungsgerechte Aufbereitung von Flächenverbänden bei der NC-Programmierung im Formenbau, 130 S., 1989

81 W. Ruoff, Optische Sensorsysteme zur On-line-Führung von Industrierobotern, 123 S., 1989

82 M. Jantzer, Bahnverhalten und Regelung fahrerloser Transportsysteme ohne Spurbindung, 131 S., 1990

83 H. Schumacher, Einheitliche Programmierung von Automatisierungskomponenten roboterbestückter Bearbeitungs- und Montagezellen, 116 S., 1991

84 J. Schimonyi, NC-Programmierung für das Werkzeugschleifen, 122 S., 1991

85 K.-H. Wurst, Flexible Robotersysteme – Konzeption und Realisierung modularer Roboterkomponenten, 164 S., 1991

86 R. Hagl, Erhöhung der Verfügbarkeit von Vorschubantrieben mit selbstanpassender Lageregelung, 126 S., 1991

87 G. Krebser, Betriebssystem für NC mit einheitlichen Schnittstellen, 130 S., 1992

88 W.-T. Lei, Flächenorientierte Steuerdatenaufbereitung für das fünfachsige Fräsen, 134 S., 1992

89 G. Diehl, Steuerungsperipheres Diagnosesystem für Fertigungseinrichtungen auf Basis überwachungsgerechter Komponenten, 140 S., 1992

90 U. Nepustil, Offene NC-Schnittstellen zur Korrektur von Fertigungsfehlern, 133 S., 1992

91 M. Bauder, Konfigurierbare Robotersteuerung mit allgemeiner Transformation, 120 S., 1992

92 W. Philipp, Regelung mechanisch steifer Direktantriebe für Werkzeugmaschinen, 118 S., 1992

93 G. M. Härdtner, Wissensstrukturierung in Diagnoseexpertensystemen für Fertigungseinrichtungen, 135 S., 1992

94 H. Wiedmann, Objektorientierte Wissensrepräsentation für die modellbasierte Diagnose an Fertigungseinrichtungen, 151 S., 1993

95 H. Rudloff, Hochgenaue Konturerzeugung bei Bewegungsachsen mit einer dominanten mechanischen Resonanzstelle, 151 S., 1993

96 K. Brantner, Adaptierbares Leitsteuerungssystem für flexible Produktionssysteme, 142 S., 1993

97 W. Kugler, Kommunikationsmechanismen für offene Numerische Steuerungssysteme, 136 S., 1994

98 B. Schnurr, Elektrodynamisches Antriebssystem zur Unrundbearbeitung 175 S., 1994

99 J. Schneider, Fehlerreaktion mit Speicherprogrammierbaren Steuerungen – ein Beitrag zur Fehlertoleranz, 117 S., 1994

100 U. Siewert, Systematische Erstellung adaptierbarer Leitsteuerungssoftware am Beispiel der Durchsetzungsplanung, 155 S., 1994

101 G. F. J. Heger, Maschinenferner Qualitätsregelkreis in flexiblen Fertigungssystemen, 134 S., 1994

102 W. Hofmeister, Objektorientiert strukturiertes Programmiersystem für NC-Mehrschlittenmaschinen, 113 S., 1994

103 A. Horn, Optische Sensorik zur Bahnführung von Industrierobotern mit hohen Bahngeschwindigkeiten, 132 S., 1994

104 U. Rentschler, Fehlertolerantes Präzisionsfügen, 128 S., 1995

105 G. Junghans, Modulares grafikunterstütztes Simulationssystem für Bearbeitungs- und Handhabungsvorgänge, 145 S., 1995

106 J. Heller, Sensorgestützte Bewegungserzeugung leitlinienloser Transportfahrzeuge, 123 S., 1995

107 E. Wieland, Anwendungsorientierte Programmierung für die robotergestützte Montage, 137 S., 1995

108 G. Ketterer, Automatisierte Inbetriebnahme elektromechanischer, elastisch gekoppelter Bewegungsachsen, 176 S., 1995

109 Th. Reibetanz, Situationsorientierte Bearbeitungsmodellierung zur NC-Programmierung, 120 S., 1995

110 O. Frager, Durchgängige Programmierung von Fertigungszellen, 135 S., 1996

111 R. Ordenewitz, Betriebsweite Bereitstellung von Werkzeuginformationen, 144 S., 1996

112 C. Daniel, Dynamisches Konfigurieren von Steuerungssoftware für offene Systeme, 124 S., 1996

113 R. Angerbauer, Anwenderorientierte Programmierung fahrerloser Transportsysteme, 141 S., 1996

114 F. Krauß, Splineverarbeitung in numerischen Steuerungen für das fünfachsige Fräsen, 118 S., 1996

115 K.-M. Schittenhelm, Einsatz vorgefilterter Führungsgrößen für Bewegungsachsen zur Bahnerzeugung, 123 S., 1997

116 U. Häberle, Einheitliche Anwenderschnittstelle für Feldbussysteme, 131 S., 1997

117 U. Strassacker, Testumgebung für die Implementierung und Inbetriebnahme eines adaptierbaren Leitsteuerungssystems, 162 S., 1997

118 B. Renz, Hochdynamische Strahllagekorrektursysteme zur Erhöhung der Bahngenauigkeit von CO2-Laserbearbeitungsmaschinen, 189 S., 1997

119 C. Itterheim, Objektorientiertes Bearbeitungsmodell für Freiformflächen – Erstellung und maschinengebundene Modifikation –, 136 S., 1997

120 J. Müller, Objektorientierte Softwareentwicklung für offene numerische Steuerungen, 132 S., 1997

121 M. Glöckler, Verbesserung des Störverhaltens elektrohydraulischer lagegeregelter Zylinderantriebe, 137 S., 1998

122 J. Uhl, Entwurfssystematik für ein dezentral strukturiertes, objektorientiertes Fertigungsleitsystem, 152 S., 1998

123 G. Hammann, Modellierung des Abtragsverhaltens elastischer, robotergeführter Schleifwerkzeuge, 131 S., 1998

124 W. Scholich-Tessmann, Direktantriebe für Industrieroboter, 133 S., 1998

Die Bände ISW 1 bis ISW 106 sind vergriffen.

Die Bände sind im Erscheinungsjahr und in den folgenden drei Kalenderjahren zu beziehen durch den örtlichen Buchhandel oder durch Lange & Springer, Otto-Suhr-Allee 26-28, 10585 Berlin.

GPSR Compliance

The European Union's (EU) General Product Safety Regulation (GPSR) is a set of rules that requires consumer products to be safe and our obligations to ensure this.

If you have any concerns about our products, you can contact us on ProductSafety@springernature.com

In case Publisher is established outside the EU, the EU authorized representative is:

Springer Nature Customer Service Center GmbH
Europaplatz 3
69115 Heidelberg, Germany

Batch number: 10704703

Printed by Printforce, the Netherlands